工业机器人
离线编程与仿真

◎ 邢晓莉 盛艳君　　　主　编
　　王　豫 孔令燕 韩洪元　副主编

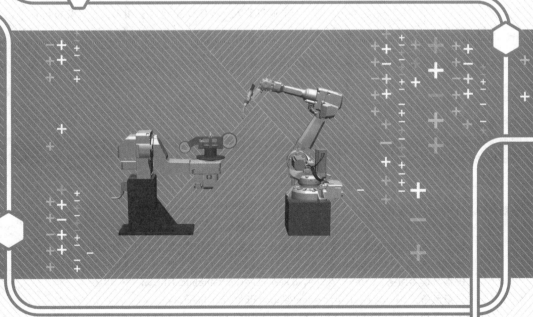

清华大学出版社
北京

内 容 简 介

本书的内容设计以培养工业机器人离线编程与仿真综合技术应用能力为导向,兼顾1+X证书,"岗课赛证"融通,将教学内容重组,以工业机器人典型应用为项目载体,通过项目式教学,将离线编程的工作原理与实际工作任务有机结合,使学生通过完成项目任务掌握离线编程的方法。本书内容包含:项目1 RobotStudio仿真软件基本操作;项目2机器人离线轨迹编程;项目3创建搬运工作站;项目4创建带输送链的搬运工作站;项目5创建带导轨的工作站;项目6创建带变位机的工作站;项目7创建虚拟智能工厂常用仿真;项目8创建综合实训工作站常用仿真;项目9创建机器人的外部轴;项目10 RobotStudio的在线功能。

本书提供丰富的教学资源,配有数字化课程网站、教学视频、教学课件、延伸拓展内容,能够突破传统课堂教学的时空限制,开展线上线下混合式教学,激发学生自主学习的兴趣,打造高效课堂。本书可作为高职高专工业机器人技术专业和智能制造专业基础课教材。

图书在版编目(CIP)数据

工业机器人离线编程与仿真/邢晓莉,盛艳君主编. —北京:清华大学出版社,2023.6
ISBN 978-7-302-62452-3

Ⅰ. ①工… Ⅱ. ①邢… ②盛… Ⅲ. ①工业机器人—程序设计 ②工业机器人—计算机仿真
Ⅳ. ①TP242.2

中国国家版本馆 CIP 数据核字(2023)第 016981 号

责任编辑:张 弛
封面设计:刘 键
责任校对:刘 静
责任印制:刘海龙

出版发行:清华大学出版社
　　网　　　址:http://www.tup.com.cn,http://www.wqbook.com
　　地　　　址:北京清华大学学研大厦A座　　　　　　　　邮　　编:100084
　　社 总 机:010-83470000　　　　　　　　　　　　　　　邮　　购:010-62786544
　　投稿与读者服务:010-62776969,c-service@tup.tsinghua.edu.cn
　　质量反馈:010-62772015,zhiliang@tup.tsinghua.edu.cn
　　课件下载:http://www.tup.com.cn,010-83470410
印 装 者:三河市君旺印务有限公司
经　　销:全国新华书店
开　　本:185mm×260mm　　　印　　张:14.5　　　　　字　　数:349千字
版　　次:2023年6月第1版　　　　　　　　　　　　　 印　　次:2023年6月第1次印刷
定　　价:49.00元

产品编号:097400-01

前　言

随着工业机器人技术的成熟以及我国制造业的转型升级,工业机器人在各行各业中的应用日益广泛。工业机器人是一种可编程的操作机,其编程方法通常可分为在线示教编程和离线编程两种。离线编程的出现有效地弥补了在线示教编程的不足,并且随着计算机技术的发展,离线编程技术也愈发成熟。可在项目规划设计阶段评价、论证方案的可行性;可在虚拟环境中规划复杂运动轨迹、检测碰撞和干涉、观察编程结果、优化编程;通过动态模拟方案的运行过程,预测方案的运行状态,验证设备布局的合理性,分析设备利用率,评估生产效率,并为项目的优化提供依据。使用离线编程技术创建机器人应用项目已成为行业内的趋势。

为适应新时代对高素质技术技能人才培养的新要求,根据职业教育国家教学标准要求,对接职业标准(规范)、职业技能等级标准等,本书优化教材结构、更新教材内容。教材内容选择科学严谨、容量适度、安排合理、衔接有序、结构清晰,同时结合教学实际融入科学精神、工程思维和创新意识,注重劳动精神、工匠精神、劳模精神培育,有效支撑教学目标的实现。

本书选用 ABB 工业机器人的 RobotStudio 离线编程与仿真软件,基于项目对软件的操作、建模、Smart 组件的使用、轨迹离线编程、外围设备动画效果的制作、工作站的构建、仿真验证以及在线操作进行了全面的讲解,能够提高学习者基于项目分析问题、解决问题的能力。

为深入贯彻习近平总书记关于职业教育工作的重要指示、全国职业教育大会精神和新修订的职业教育法,落实《关于全面深化新时代教师队伍建设改革的意见》《关于推动现代职业教育高质量发展的意见》《国家职业教育改革实施方案》等部署,进一步提升职业教育信息化水平,适应"互联网+职业教育"发展需求,本书针对重要的知识点和操作开发了大量微课,并以二维码的形式嵌入书中相应位置,读者可通过手机等移动终端扫码观看,实现高效远程技能学习。同时,在国家智慧职教 MOOC 平台开设有与本书相应的精品在线开放课程,能够协助教师应用线上线下混合教学,促进自主、泛在、个性化学习,达到效果好、效率高、参与度大的教学目标。

本书内容以实践操作过程为主线,采用以图为主的编写形式,通俗易懂,适合作为普通高校和高等职业院校工业机器人离线编程与仿真课程的教材。同时,本书也适合从事工业机器人应用开发、调试、现场维护的工程技术人员学习和参考,特别是已经掌握 ABB 机器人基本操作,需要进一步掌握工业机器人离线编程与仿真的工程技术人员。

本书由邢晓莉和盛艳君主编,王豫、孔令燕、韩洪元副主编,张丽和赵永燕参编。其中王豫和赵永燕编写项目1、项目2,邢晓莉、韩洪元和张丽编写项目3、项目7、项目8、项目9,孔令燕和盛艳君编写项目4、项目5、项目6、项目10,全书由邢晓莉统稿编排,盛艳君主审。由于编者水平有限,书中难免存在不足之处,敬请广大读者批评、指正。

编者

2023 年 2 月

教学课件

目　录

项目 1 RobotStudio 仿真软件基本操作

项目导学

 项目介绍

　　本项目从离线编程的概念、特点、软件构架、基本步骤四个方面介绍离线编程的基础知识。从软件特点、下载与安装、软件界面三个方面介绍 RobotStudio 仿真软件，通过创建工作站并进行手动操纵、3D 模型创建与测量来学习 RobotStudio 仿真软件的基础功能应用，是认识、学习 RobotStudio 仿真软件的基础。

 学习内容

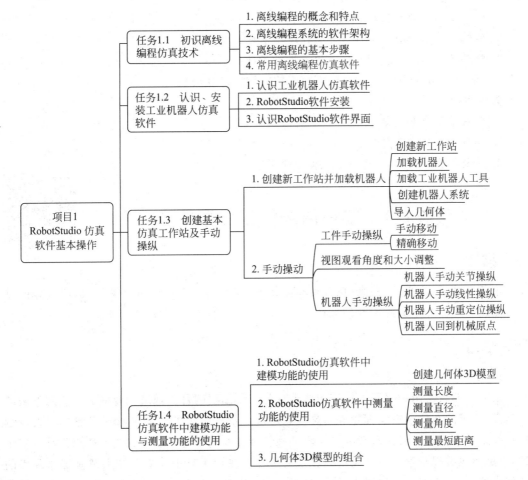

学习目标

知识目标

1. 能够复述工业机器人离线编程的概念；
2. 能够复述离线编程的特点，熟悉离线编程系统的软件架构；
3. 能够理解并复述离线编程的基本步骤；
4. 能够理解并复述 RobotStudio 仿真软件的功能；
5. 能够理解并复述 RobotStudio 仿真软件操作界面中各功能选项卡的组成及功能；
6. 能够复述机器人关节运动、线性运动和重定位运动的相同点和不同点。

能力目标

1. 能够下载并安装 RobotStudio 仿真软件；
2. 能够进行恢复窗口的操作，解决窗口意外关闭的问题；
3. 能够在仿真工作站中加载工业机器人及周边模型；
4. 能够移动工件，将工件安放在合适的位置；
5. 能够手动操纵机器人进行关节运动、线性运动和重定位运动；
6. 能够精确操纵机器人进行关节运动、线性运动；
7. 能够操纵机器人快速回到机械原点；
8. 能够使用 RobotStudio 仿真软件进行基础模型的创建；
9. 能够使用 RobotStudio 仿真软件进行基础模型的组合；
10. 能够使用 RobotStudio 仿真软件进行模型、工件的测量。

素质目标

1. 职业荣誉感和使命担当；
2. 专注认真的学习态度；
3. 不断探索、尝试接受新知识的职业素养。

任务1.1 初识离线编程仿真技术

1.1 微课

任务描述

本任务从离线编程的概念、离线编程的特点、离线编程系统的软件架构、离线编程的基本步骤四个方面介绍离线编程仿真技术。

知识学习

1. 离线编程的概念和特点

工业机器人常用的编程方法有在线编程与离线编程两种。随着工业机器人应用领域越来越广，传统的在线示教编程越来越难以满足现代加工工艺的复杂要求。工业机器人在运行过程中展现出的行云流水般的运动轨迹和复杂多变的姿态控制是在线示教编程难以实现的，于是离线编程孕育而生。离线编程是通过软件在计算机中建立机器人及其工作环境的几何模型，使用机器人编程语言，描述机器人作业任务，通过对模型的控制和操作进行三维仿真,再经过离线计算、规划和调试机器人程序的正确性,生成机器人控制器可执行的代码,最后通过通信接口发送至机器人控制器的一种编程方式。与传统的在线示教相比,离线编程具有以下优点。

(1) 便于及时修改和优化机器人程序,适合中小批量的生产要求。

(2) 能够实现多台机器人及辅助外围设备的示教和协调。

(3) 通过仿真功能预知可能会产生的问题,从而将问题消灭在萌芽阶段,保证了人员和财产的安全。

(4) 示教安全性高。

(5) 不占用机器人工作时间,降低成本。

应用离线编程技术是提高工业机器人作业水平的必然趋势。

2. 离线编程系统的软件架构

典型的机器人离线编程系统的软件架构主要由建模模块、布局模块、编程模块、仿真模块、程序生成及通信模块组成。

建模模块是离线编程系统的基础,为机器人和工件的编程与仿真提供可视的三维几何模型。

布局模块用于按机器人实际工作单元的安装格局,在仿真环境下运行整个机器人系统的空间布局。

编程模块包括运动学计算、轨迹规划等。前者是控制机器人运动的依据,后者用来生成机器人的运动轨迹。

仿真模块用来检验编制的机器人程序是否正确可靠,一般具有碰撞检测功能。

程序生成把仿真系统生成的运动程序转换成被加载机器人控制器可以接收的代码指令,以命令机器人工作。

通信模块可分为用户接口和通信接口,前者设计成交互式,可利用鼠标操作机器人的运动;后者负责连接离线编程系统与机器人控制器。

3. 离线编程的基本步骤

离线编程的流程可分为虚拟示教与再现两部分,离线编程的基本步骤如图1.1.1所示。

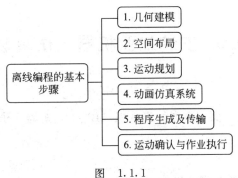

图 1.1.1

(1) 几何建模,即对工业机器人及其工作单元的图形进行描述。

(2) 空间布局,提供一个与机器人进行交互的虚拟环境,需要把整个机器人系统,包括机器人本体、变位机、工件周边作业设备等的模型按照实际的装配情况,在仿真环境中进行布局。

（3）运动规划，主要有作业位置规划和作业路径规划两个方面。作业位置规划是在机器人运动空间可达性的条件下尽可能减少机器人各轴的极限位置；作业路径规划是在保证末端工具作业姿态的前提下，避免机器人与工件、夹具、周边设备等发生碰撞。运动规划的操作内容包括新建作业程序、移动机器人到各示教点、记录各程序点及其属性。

（4）动画仿真系统，对运动规划的结果进行三维图形动画仿真模拟整个作业情况，检查机器人运动轨迹的合理性并计算机器人每个工步的操作时间和整个作业的循环时间，为离线编程结果的可行性提供参考。

（5）程序生成及传输，作业程序的仿真结果完全达到作业的要求后，将该作业程序转换成机器人的控制程序，并通过通信接口下载到机器人控制柜。

（6）运动确认与作业执行，出于安全考虑离线编程生成的目标作业程序在自动运行前需跟踪试运行经确认无误后即可再现作业。

4. 常用离线编程仿真软件

常用的离线编程仿真软件有RobotMaster、ABB的RobotStudio、北京华航唯实机器人科技有限公司推出的拥有自主知识产权的PQArt、西门子旗下的ROBCAD、以色列的RobotWorks、FANUC的RoboGuide、Yaskawa的MotoSim、KUKA的Sim Pro等。

练习题

1. 填空题

离线编程相对于＿＿＿＿＿＿＿，在工作环境、人机交互、材料损耗、质量效果、技术要求等方面有较大的优势。

2. 判断题

（1）离线编程时，机器人仍可在生产线上工作，编程不占用机器人的工作时间。（　　　）

（2）机器人离线编程可以不需要机器人系统和工作环境的图形模型。（　　　）

（3）离线编程系统中的一个基本功能是利用图形描述对机器人和工作单元进行仿真，这就要求对工作单元中机器人所有的夹具、零件和刀具等进行三维实体几何构型。（　　　）

（4）RobotStudio是由FANUC公司推出的离线编程软件。（　　　）

任务1.2　认识、安装工业机器人仿真软件

1.2 微课

任务描述

本任务从功能、安装、界面三个方面来认识ABB工业机器人仿真软件RobotStudio。

知识学习

1. 认识ABB工业机器人仿真软件

RobotStudio是ABB公司的工业机器人仿真软件，也是市场上离线编程的领先产品。为了实现真正的离线编程，RobotStudio采用ABB公司的VirtualRobot技术。通过新的编程方法，ABB公司正在世界范围内建立机器人编程标准。

在 RobotStudio 中可以实现以下主要功能。

（1）CAD 模型导入

RobotStudio 可以导入各种主要的 CAD 格式数据，包括 IGES、STEP、VRML、VDAFS、ACIS 和 CATIA。通过使用此类非常精确的 3D 模型数据可以生成更为精确的工业机器人程序，从而提高产品质量。

（2）自动生成路径

通过使用待加工部件的三维模型，可以快速自动生成跟踪曲线所需的工业机器人位置。如果人工执行此项任务，则可能需要数小时或数天。

（3）程序编辑

可生成机器人程序，使用户能够在 Windows 环境中离线开发或维护机器人程序，缩短编程时间、改进程序结构。

（4）自动分析伸展能力

此便捷功能可让操作者灵活移动工业机器人或工件，直至所有位置均可达到，短短几分钟即可完成验证和优化工作单元布局的工作。

（5）碰撞检测

在 RobotStudio 中，可以对工业机器人在运动过程中是否可能与周边设备发生碰撞进行验证与确认，以确保工业机器人离线编程得出程序的可用性。

（6）在线作业

使用 RobotStudio 仿真软件与真实的工业机器人进行连接通信，对工业机器人进行便捷的监控、程序修改、参数设定、文件传送及备份恢复等操作，从而使调试与维护工作更轻松。

（7）模拟仿真

根据设计要求，在 RobotStudio 中进行工业机器人工作站的动作模拟仿真以及周期节拍验证，从而为工程的实施提供真实的验证数据。

（8）工艺功能包

针对不同的应用推出功能强大的工艺功能包，将工业机器人更好地与工艺应用有效融合。

（9）二次开发

提供功能强大的二次开发平台，使工业机器人应用实现更多的可能，满足工业机器人的科研需求。

（10）虚拟现实 VR

提供即插即用的虚拟现实功能，体验无与伦比的现场感。无须对现有工业机器人仿真工作站做任何修改，只要使用标准的 HTC 虚拟现实眼镜与 RobotStudio 进行连接即可。

2.RobotStudio 软件安装

（1）软件下载

输入网址 https://new.abb.com/products/robotics/zh/robotstudio，打开如图 1.2.1 所示页面，单击"立即下载"进入下载页面即可下载软件。下载完成后即可得到 RobotStudio 安装文件夹的压缩包。

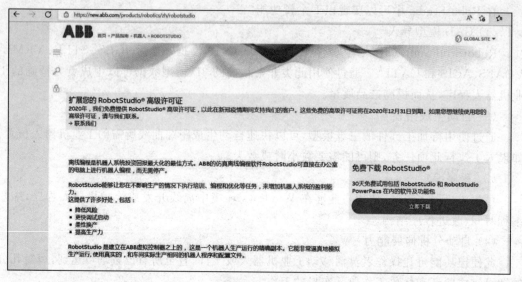

图 1.2.1

本书的任务是基于 RobotStudio 6.08.01 版本展开的。

（2）软件安装

将下载好的 RobotStudio_6.08.01.zip 压缩包进行解压，解压完成后会生成 RobotStudio 文件夹。进入该文件夹，双击其中的 setup.exe 启动安装程序，进入安装界面，并根据安装界面中的相应提示进行 RobotStudio 的安装。

为了确保 RobotStudio 能够正确安装，请注意以下事项。

① 建议安装 RobotStudio 的计算机硬件配置如表 1.2.1 所示。

表 1.2.1

硬　　件	配 置 要 求
CPU	i5 或以上
内存	2GB 或以上
硬盘	空间 20GB 以上
显卡	独立显卡
操作系统	Windows 7 或以上

② 第一次正确安装 RobotStudio 以后，软件提供 30 天的全功能高级版免费试用。30 天以后，如果还未进行授权操作，则只能使用基本版的功能。RobotStudio 基本版与高级版都能完成软件的基本功能，但是基本版不能实现离线编程与仿真功能，高级版则可以实现离线编程与仿真功能。

3. 认识 RobotStudio 软件界面

"文件"功能选项卡包含创建新工作站、创造新工业机器人系统、连接到控制器、将工作站另存为查看器的选项和 RobotStudio 选项，如图 1.2.2 所示。

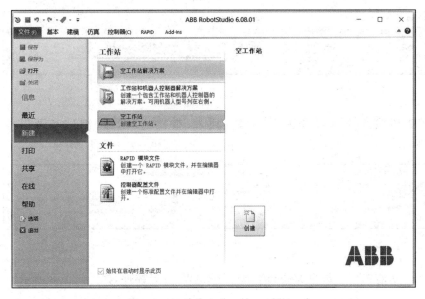

图 1.2.2

"基本"功能选项卡包含建立工作站、路径编程和设置等控件,如图 1.2.3 所示。

图 1.2.3

"建模"功能选项卡包含创建、CAD 操作、测量、机械等控件,如图 1.2.4 所示。

图 1.2.4

"仿真"功能选项卡包含碰撞监控、配置、仿真控制、监控、信号分析器、录制短片等控件,如图 1.2.5 所示。

图 1.2.5

"控制器"功能选项卡包含进入、控制器工具、配置、虚拟控制器等控件,如图 1.2.6 所示。

图 1.2.6

RAPID 功能选项卡包含进入、编辑、插入、查找、控制器、测试和调试等控件,如图 1.2.7 所示。

图 1.2.7

Add-Ins 功能选项卡包含 RobotApps、RobotWare 等控件,如图 1.2.8 所示。

图 1.2.8

在刚开始操作 RobotStudio 时,经常会遇到操作窗口意外关闭,无法找到对应的操作对象和查看相关信息的情况,可以采取恢复默认 RobotStudio 界面的操作。

方法 1:单击"自定义快速工具栏"→"默认布局"选项,即可恢复默认的 RobotStudio 界面,操作步骤如图 1.2.9 所示。

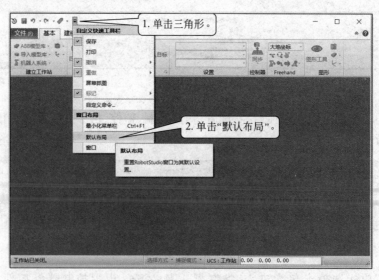

图 1.2.9

方法 2:单击"自定义快速工具栏"→"窗口"选项,并选中需要的窗口即可。

练习题

1. 填空题

RobotStudio 虚拟仿真软件实现的功能包括 CAD 导入、自动生成路径、_____、_____、_____、_____、_____、应用功能包,二次开发、虚拟现实 VR。

2. 判断题

在第一次正确安装 RobotStudio 以后,软件提供 60 天全功能高级版免费试用。60 天以后,如果还未进行授权操作,则只能使用基本版的功能。(　　)

任务 1.3　构建基本仿真工作站及手动操纵

1.3 微课

任务描述

要进行工业机器人的仿真运行,需要根据需求创建工作站,加载机器人、工具和模型,并通过模型的移动完成工作站的布局。本任务布局完成如图 1.3.1 所示的工业机器人工作站。

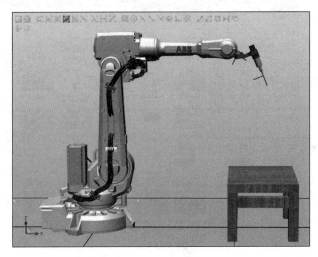

图　1.3.1

知识学习

要构建基本仿真工作站,首先要新建工作站并进行工作站的布局。新建工作站有三种方法:空工作站、空工作站解决方案和机器人控制器解决方案。空工作站:创建空工作站。空工作站解决方案:不仅能创建一个包含空工作站的解决方案文件结构,而且能自动设定工作站的名称。工作站和机器人控制器解决方案:创建一个包含工作站和机器人控制器的解决方案,在需要同时创建机器人和机器人控制器时使用此方法。

任务实施

1.3.1　创建基本工作站

在进行操作前,先规划好所创建的工作站类型、机器人型号、工具、摆放的工件及周边模型。

创建工作站并加载工业机器人的操作步骤如图1.3.2所示。

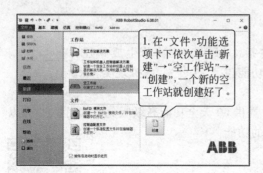 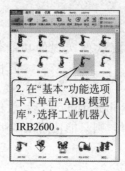 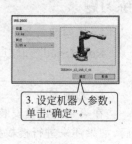

1. 在"文件"功能选项卡下依次单击"新建"→"空工作站"→"创建",一个新的空工作站就创建好了。

2. 在"基本"功能选项卡下单击"ABB模型库",选择工业机器人IRB2600。

3. 设定机器人参数,单击"确定"。

图 1.3.2

注意:请根据项目要求选定工业机器人的型号,并设定好容量、到达距离等参数。

然后,加载工业机器人工具,操作步骤如图1.3.3~图1.3.5所示。

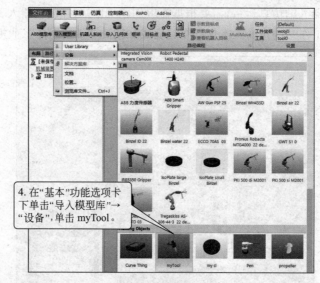

4. 在"基本"功能选项卡下单击"导入模型库"→"设备",单击myTool。

图 1.3.3

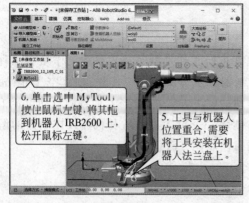

6. 单击选中MyTool,按住鼠标左键,将其拖到机器人IRB2600上,松开鼠标左键。

5. 工具与机器人位置重合,需要将工具安装在机器人法兰盘上。

图 1.3.4

7. 在弹出的窗口中单击"是"。

工具就安装到工业机器人法兰盘上了。

图 1.3.5

如果工具不合适需要拆除,拆除工业机器人工具的操作步骤如图1.3.6所示。

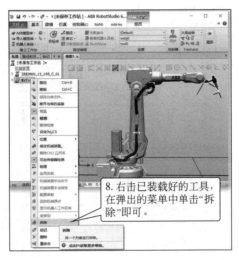

8. 右击已装载好的工具,在弹出的菜单中单击"拆除"即可。

图 1.3.6

在仿真软件中工业机器人只有在建立虚拟的控制器后,使其具有了电气特性才能完成相关的仿真操作。接下来,创建机器人系统,操作步骤如图1.3.7~图1.3.9所示。

9. 在"基本"功能选项卡下单击"机器人系统"的"从布局..."。

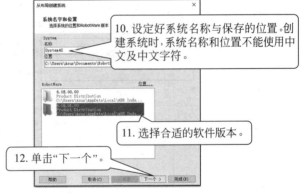

10. 设定好系统名称与保存的位置。创建系统时,系统名称和位置不能使用中文及中文字符。

11. 选择合适的软件版本。

12. 单击"下一个"。

图 1.3.7

13. 单击"下一个"。

14. 在"选项"中设置语言和网络等信息。

15. 单击"完成"。

图 1.3.8

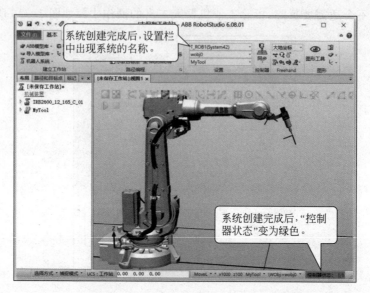

图　1.3.9

　　加载模型可以从"导入模型库"下的"设备"中选择，也可以依据下图中的路径选择所需模型。加载模型的操作步骤如图 1.3.10 和图 1.3.11 所示。

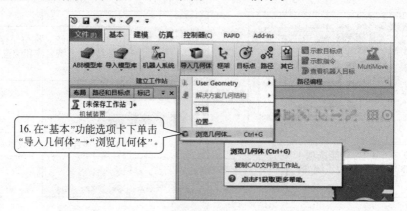

图　1.3.10

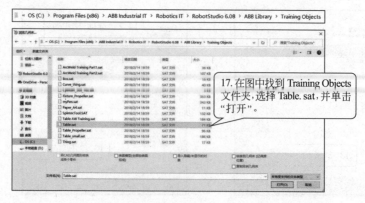

图　1.3.11

工作站保存的操作步骤如图 1.3.12 所示。

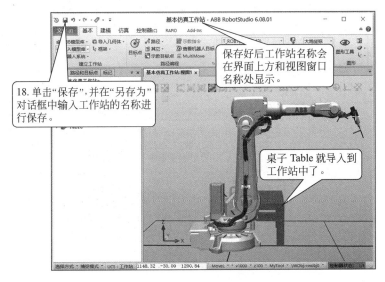

图 1.3.12

可以在创建的开始就保存工作站,也可以在完成后再保存。在仿真软件操作过程中要注意及时保存,防止在计算机发生意外关机或死机时,工作站未及时保存造成数据丢失。

1.3.2 工件手动移动

对于加载到工作站中的模型,需要按照项目的要求和布局调整工件在工作站中的位置。调节模型位置的方法有手动移动和数字输入移动两种。

(1) 手动移动的方式可以直观、快速地移动机器人,但是位置不精确。手动移动对象需要用到 FreeHand 工具。FreeHand 工具有移动和旋转两个功能。

(2) 数字输入移动的方式可以精确地移动机器人,但是不够直观。如果知道位置的坐标值,右击移动对象,找到"位置",通过输入数值或者调节按钮的方式,可以移动对象的位置。

在工作站摆放模型时,需要先显示机器人工作区域,这样有利于将模型摆放在合适的位置。显示机器人工作区域的操纵步骤如图 1.3.13～图 1.3.15 所示。

图 1.3.13

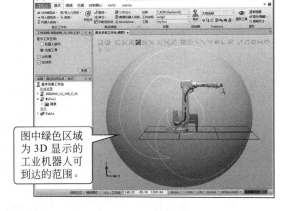

图 1.3.14

　　如图 1.3.14 所示的线条内区域即工业机器人可到达的 2D 轮廓,绿色区域为工业机器人可到达的 3D 体积。工作对象应调整到工业机器人的最佳工作范围,这样可以提高工作节拍,方便规划轨迹。

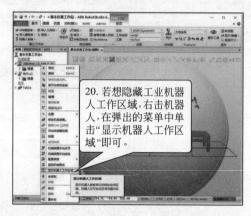

图　1.3.15

　　工件手动移动的操纵步骤如图 1.3.16 所示。

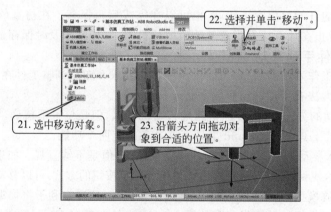

图　1.3.16

　　工件手动精确移动的操纵步骤如图 1.3.17 所示。

图　1.3.17

将几何体导入工作站后,不仅要移动到合适的位置,还要修改颜色或材质,以方便辨别。
修改几何体颜色的操作步骤如图 1.3.18 和图 1.3.19 所示。

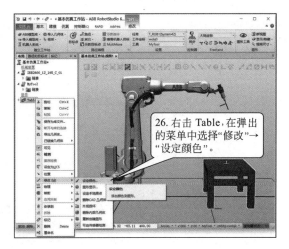

26. 右击 Table,在弹出
的菜单中选择"修改"→
"设定颜色"。

图 1.3.18

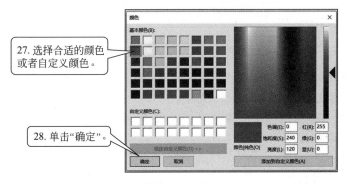

27. 选择合适的颜色
或者自定义颜色。

28. 单击"确定"。

图 1.3.19

修改几何体材质的操作步骤如图 1.3.20 和图 1.3.21 所示。

29. 右击 Table,在弹出
的菜单中选择"修改"→
"图形显示"。

图 1.3.20

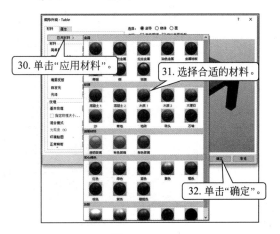

30. 单击"应用材料"。

31. 选择合适的材料。

32. 单击"确定"。

图 1.3.21

调整视图观看角度的操纵步骤如图 1.3.22 所示。

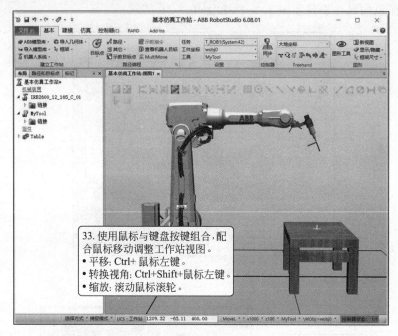

图 1.3.22

注意：在调整视图大小时，鼠标所在的位置为缩放的中心点。

1.3.3 机器人手动操纵

机器人手动关节操纵的操作步骤如图 1.3.23 所示。

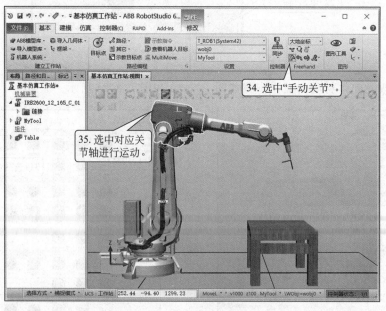

图 1.3.23

机器人手动线性操纵的操作步骤如图 1.3.24 所示。

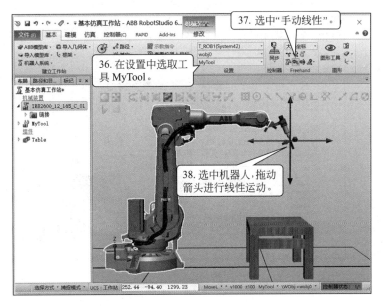

图 1.3.24

机器人手动重定位操纵的操作步骤如图1.3.25所示。

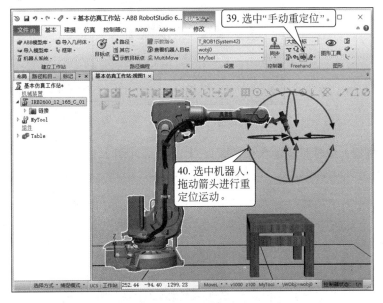

图 1.3.25

对比三种机器人手动操纵方法,手动关节操纵的对象是机器人的各个关节,每次只针对机器人某个关节进行操纵,工具末端的空间位置会发生变化;而手动线性操纵的对象是机器人整体,每次操纵时机器人整体姿态发生变化,工具末端的空间位置沿箭头方向移动;机器人手动重定位操纵,也使机器人整体姿态发生变化,但工具末端的空间位置不会发生变化。

精确操纵机器人关节运动的操作步骤如图1.3.26和图1.3.27所示。

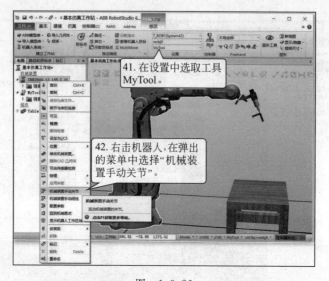

图 1.3.26

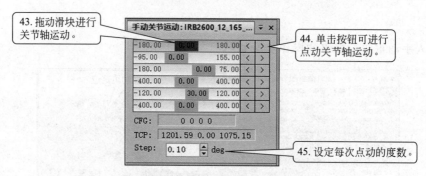

图 1.3.27

精确操纵机器人线性运动的操作步骤如图 1.3.28 和图 1.3.29 所示。

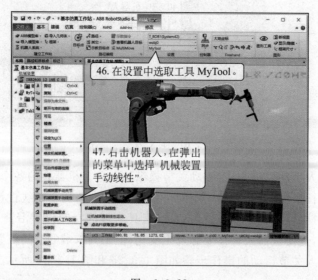

图 1.3.28

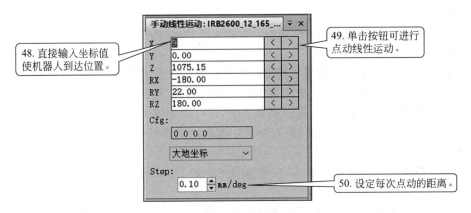

图 1.3.29

工业机器人回到机械原点操作步骤如图 1.3.30 所示。

图 1.3.30

练习题

1. 填空题

（1）完成了布局以后，要为机器人_____，建立虚拟的控制器，使其具有电气特性从而完成相关的仿真操作。

（2）在仿真软件中调整工作站视图时，可以使用键盘的 Ctrl 键和鼠标左键组合的方式实现_____。

2. 单选题

在仿真软件中调整工作站视图时，可以使用键盘和鼠标按键组合的方式，（　　）可以实现转换视角。

A. Ctrl＋鼠标左键　　　　　　　　B. 滚动鼠标中间滚轮

C. Shift＋鼠标左键　　　　　　　　D. Ctrl＋Shift＋鼠标左键

3. 判断题

（1）创建新工作站的步骤是：在"文件"功能选项卡下，选择"空工作站"→"打开"，或者双击"空工作站"。（　　）

（2）在实际中，要根据项目的要求选定具体的机器人型号、承重能力及到达距离。（　　）

（3）在 RobotStudio 6.08.01 中安装机器人用的工具，可以在左侧"布局"栏中选中所要安装的工具并按住鼠标右键，将其拖到机器人上，就可以完成安装。（　　）

（4）机器人在手动线性运动后，位置会发生改变，"回到机械原点"操作方式也不可以使机器人回到原始位置。（　　）

（5）建立机器人系统之前，"基本"功能选项卡中的 Freehand 中只能进行平移、转动、手动三种模式的手动操作。（　　）

（6）建立机器人系统后，"基本"功能选项卡中的 Freehand 中的移动、旋转、手动关节、手动线性、手动重定位和多个机器人手动操作就都可以选择和使用了。（　　）

任务 1.4　RobotStudio 仿真软件中建模功能与测量功能的使用

任务描述

当使用 RobotStudio 进行工业机器人仿真验证时，若对周边模型的要求不是十分细致，可以通过软件的建模功能，用简单的等同实际大小的基本模型进行替代，从而节约仿真验证时间。

当使用 RobotStudio 进行机器人的仿真操作时，需要了解模型的长度、直径、角度等尺寸与模型间的距离等信息，这时就需要进行相关参数的测量。

本任务通过创建如图 1.4.1 所示模型的练习，可对软件中创建基础模型和测量工具的使用有基本认识。

知识学习

在建模功能选项卡下的"固体"中，可以创建矩形体、锥体、圆锥体、圆柱体和球体，也可以采用组合的方式创建简单的三维模型。如果需要复杂的三维模型，可以通过第三方的建模软件进行建模，再导入 RobotStudio 中完成布局的工作。

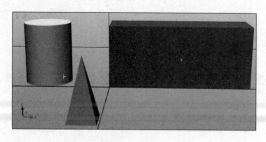

图　1.4.1

1.4 微课

任务实施

1.4.1　创建基本 3D 模型

创建矩形体的操作步骤如图 1.4.2 和图 1.4.3 所示。

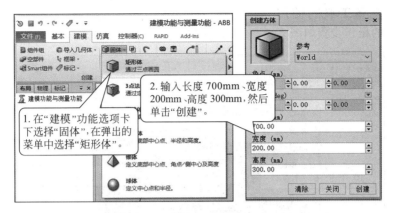

图　1.4.2

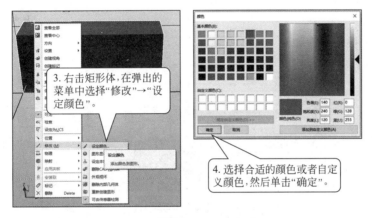

图　1.4.3

创建锥体的操作步骤如图1.4.4所示。

图　1.4.4

再将锥体的颜色设定为粉红色,设定颜色的方法步骤与矩形体设定颜色的方法相同。

创建锥体时设定了中心点的位置,而创建矩形体时没有设定角点位置,所以矩形体就是以原点为角点进行创建,锥体则是以设定的中心点位置为中心点进行创建。

创建圆柱体、圆锥体和球体的操作步骤与创建矩形体和锥体相同,需要提供3D模型特征参数和中心点位置参数。

1.4.2 测量工具的使用

测量长度的操作步骤如图 1.4.5 所示。

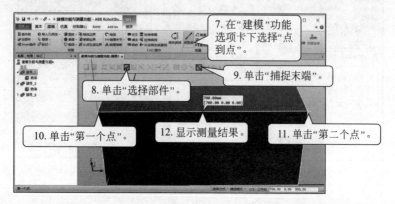

图 1.4.5

测量直径的操作步骤如图 1.4.6 所示。

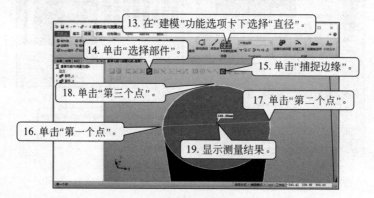

图 1.4.6

测量角度的操作步骤如图 1.4.7 所示。

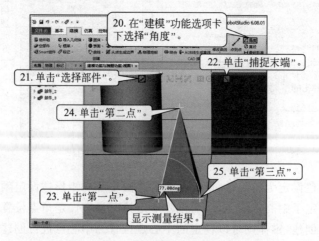

图 1.4.7

测量最短距离的操作步骤如图1.4.8所示。

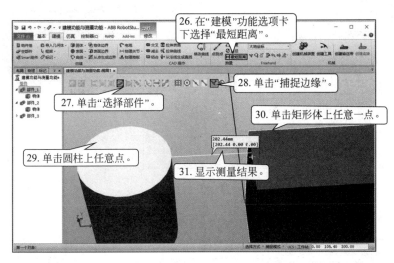

图　1.4.8

注意:

(1) 测量时要选择合适的"捕捉工具"。测量直线和角度时需要"捕捉末端",测量圆形数据时需要"捕捉边缘"。

(2) 测量直径时,捕捉圆上任意三点即可。

(3) 测量角度时,第一个点为角的顶点,第二个点和第三个点为角的两条边上的任意点。

1.4.3　简单3D模型的组合

两个3D模型组合的操作步骤如图1.4.9所示。

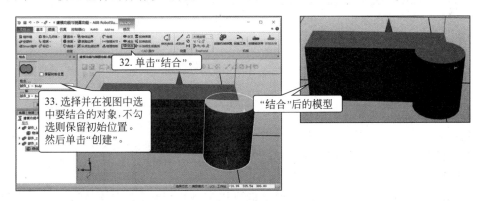

图　1.4.9

注意:

(1) 若不勾选"保留初始位置",结合后不保留属于原始部件的"部件_1"和"部件_3";若勾选"保留初始位置",结合后会保留属于原始部件的"部件_1"和"部件_3",可以手动删除原始部件。

(2) 结合后不保留原始部件的颜色或材质,需要重新进行设定。

两个3D模型减去的操作步骤如图1.4.10所示。

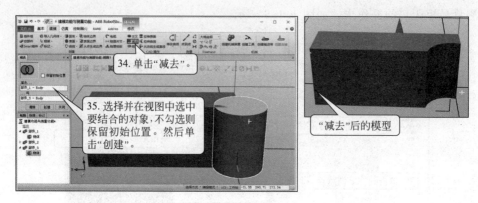

图 1.4.10

两个3D模型交叉的操作步骤如图1.4.11所示。

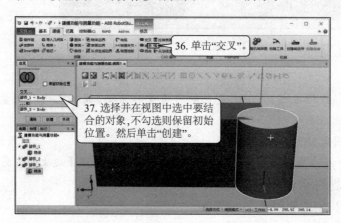

图 1.4.11

练习题

1. 填空题

(1) RobotStudio 6.08.01中创建完成的三维模型，_____进行二次修改其尺寸参数，直到达到要求。

(2) 测量_____，必须在菜单栏单击"点到点"，然后选择要测量的两点。

2. 判断题

(1) RobotStudio 6.08.01中的建模功能可以实现矩形体、立方体、圆柱体、圆锥体、柱体、球体6种不同的固体创建。(　　)

(2) 3D模型创建完成后，选中模型单击鼠标左键，可以对其进行颜色、移动、显示等相关的设置。(　　)

(3) RobotStudio测量工具可以对3D模型的长度、角度、直径、距离等参数进行测量。(　　)

(4) 在"建模"功能选项卡下单击"直径"，选择要测量的角度，在其边上依次选取待测量角度的顶点A、待测量角度边上的B点、待测量角度边上的C点，单击，测量结果会自动显示。(　　)

项目拓展

机器人 IRB1200，工具 MyTool，工件长 300mm、宽 300mm、高 400mm，创建工作站，要求修改工件颜色并合理摆放，调整机器人姿态使工具 MyTool 末端与工件表面垂直，手动线性拖动机器人使工具末端能够到达工件上表面的任意角点上，并能够测量出机器人与工件之间的最短距离。

项目评价

技能学习自我检测评分表如下。

任　务	评 分 标 准	分值	得分情况
创建机器人工作站	1. 能够正确创建空工作站，并导入机器人和工具	10	
	2. 能够正确从布局创建系统	5	
	3. 能够正确导入几何体模型	5	
工件手动移动	能够在机器人工作区域内手动移动工件	10	
机器人手动操纵	1. 能够正确进行机器人手动关节操纵	10	
	2. 能够正确进行机器人手动线性操纵	10	
	3. 能够正确进行机器人手动重定位操纵	10	
	4. 能够正确操纵机器人回到机械原点	5	
创建 3D 模型	能够正确创建 3D 模型	10	
测量工具应用	能够测量点到点的距离、直径、角度、最短距离	15	
3D 模型的组合	能够实现 3D 模型的结合、减去、交叉	10	

项目 2　机器人离线轨迹编程

项目导学

项目介绍

　　在工业机器人轨迹应用过程中,如切割、涂胶、焊接等应用,创建的工业机器人运动轨迹有简单的直线和弧线,也有复杂的不规则曲线。创建简单直线和弧线组成的运动轨迹时,通常采用示教目标点的方法;创建复杂的不规则曲线运动轨迹时,使用示教目标点进行编程会非常复杂,而图形化编程非常适合这种复杂的不规则曲线,会使编程变得简单。本项目就来学习如何利用示教目标点和图形化编程的方法创建运动轨迹。

学习内容

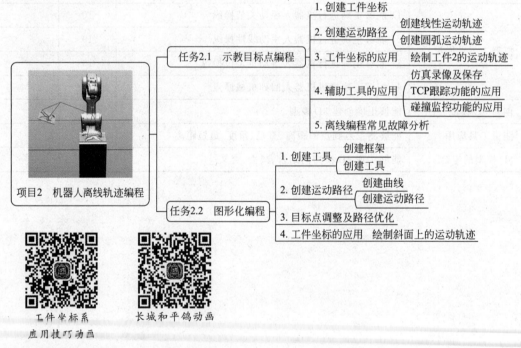

```
                                            ┌ 1. 创建工件坐标
                                            │ 2. 创建运动路径 ┬ 创建线性运动轨迹
                                            │                └ 创建圆弧运动轨迹
                          ┌ 任务2.1 示教目标点编程 ┤ 3. 工件坐标的应用 ── 绘制工件2的运动轨迹
                          │                 │                ┬ 仿真录像及保存
                          │                 │ 4. 辅助工具的应用 ┼ TCP跟踪功能的应用
项目2 机器人离线轨迹编程 ┤                 │                └ 碰撞监控功能的应用
                          │                 └ 5. 离线编程常见故障分析
                          │
                          │                 ┌ 1. 创建工具 ┬ 创建框架
                          │                 │            └ 创建工具
                          └ 任务2.2 图形化编程 ┤ 2. 创建运动路径 ┬ 创建曲线
                                            │                └ 创建运动路径
                                            │ 3. 目标点调整及路径优化
                                            └ 4. 工件坐标的应用 ── 绘制斜面上的运动轨迹
```

工件坐标系
应用技巧动画

长城和平鸽动画

学习目标

知识目标

1. 能够理解并复述工件坐标的概念;
2. 能够理解并复述工件坐标与用户坐标的区别;
3. 能够复述示教目标点创建运动轨迹的步骤;

4. 能够复述图形化编程创建运动轨迹的步骤；

5. 能够理解并复述批量修改目标点工具方向的方法与步骤；

6. 能够复述仿真录像的方法与步骤；

7. 能够复述 TCP 跟踪的方法与步骤；

8. 能够复述碰撞监控的方法与步骤。

能力目标

1. 能够正确创建工业机器人工件坐标；

2. 能够使用示教目标点的方法创建工业机器人运动轨迹；

3. 能够创建工具；

4. 能够使用图形化编程的方法创建工业机器人运动轨迹；

5. 能够利用工件坐标创建相同工件上的运动轨迹；

6. 能够调整目标点和优化运动轨迹；

7. 能够仿真运行机器人运动轨迹；

8. 能够将工业机器人的仿真录制成视频。

素质目标

1. 精益求精、不断探索的工匠精神；

2. 举一反三、灵活运用的学习能力。

任务2.1　示教目标点编程

任务描述

常见的机器人运行轨迹有直线、弧线、不规则曲线等，对于简单的直线、弧线，可以采用示教目标点的方法进行编程，即根据工艺精度要求逐点示教相应数量的目标点，从而生成工业机器人的运动轨迹。本任务学习如何使用示教目标点编程的方法创建如图 2.1.1 所示的运动轨迹。

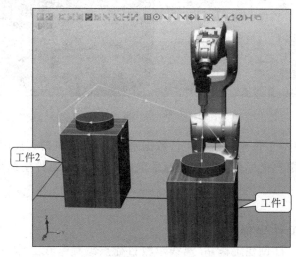

图　2.1.1

知识学习

1. 工件坐标系的概念

所谓工件坐标系,是指以工件为基准描述 TCP 运动的虚拟笛卡儿直角坐标系。通过建立工件坐标,机器人需要对不同工件进行相同作业时,只需改变工件坐标系,就能保证工具 TCP 到达指定点,而无须对程序进行其他修改。

2. 用户坐标系的概念

用户坐标系是指以工装位置为基准描述 TCP 运动的虚拟笛卡儿直角坐标系,通常用于工装移动协同作业系统或多工位作业系统。

通过建立用户坐标系,机器人在不同工位进行相同作业时,只需改变用户坐标系的工件数据,就能保证工具 TCP 到达指定点,而无须对程序进行其他修改。

3. 工件坐标系与用户坐标系的区别

如图 2.1.2 所示,工件坐标系可以在用户坐标系的基础上建立,并允许有多个。对于工具固定、机器人用于工件移动的作业,必须通过工件坐标系来描述 TCP 与工件的相对运动。

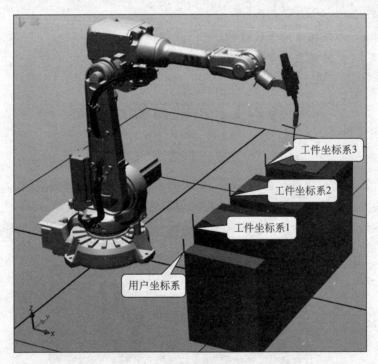

图　2.1.2

在 RAPID 程序中,工件坐标需要工件数据来定义,如果机器人仅用于单工件作业,系统默认用户坐标系和工件坐标系重合,无须另设工件坐标系。

任务实施

2.1.1　创建工件坐标

如图 2.1.3 所示,已创建工作站"离线示教目标点编程",在工作站中已

微课 2.1.2
创建工件坐标

加载工业机器人 IRB1200、工具 MyTool 和矩形体,矩形体尺寸与材质如图中所示,矩形体放置位置在工业机器人工作区域内。

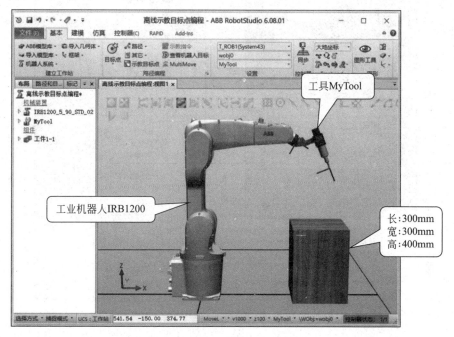

图 2.1.3

首先进行工作站布局的第一步,即创建圆柱体,其操作步骤如图 2.1.4 和图 2.1.5 所示。

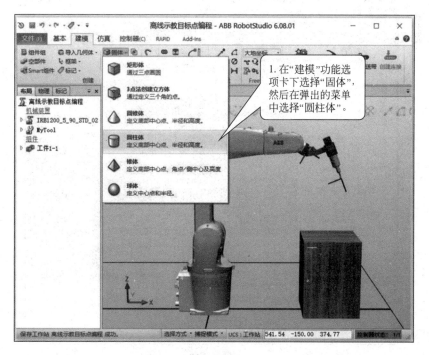

图 2.1.4

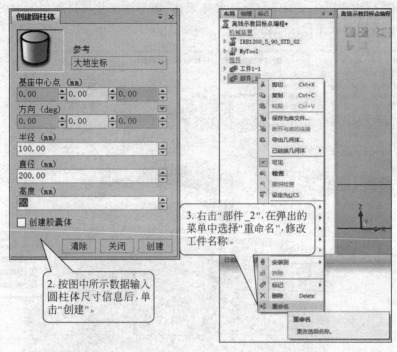

图 2.1.5

接下来将圆柱体放置到矩形体上方的中心位置,其操作步骤如图 2.1.6 和图 2.1.7 所示。

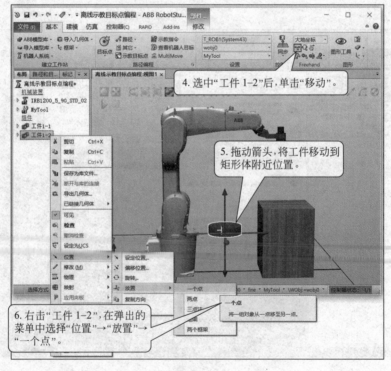

图 2.1.6

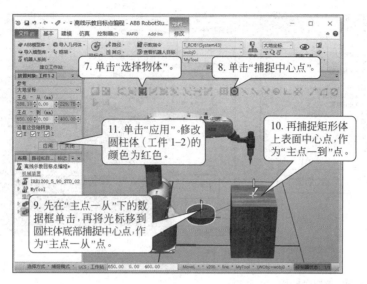

图 2.1.7

创建工件坐标的操作步骤如图 2.1.8～图 2.1.10 所示。

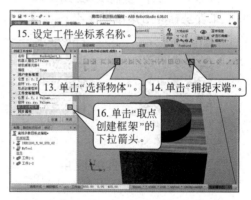

图 2.1.8

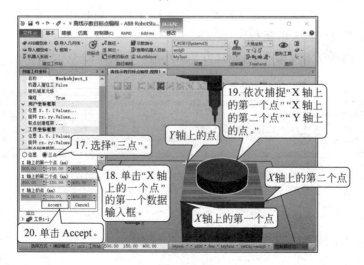

图 2.1.9

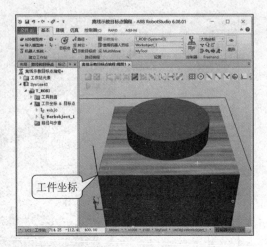

图 2.1.10

2.1.2 创建运动轨迹

创建运动轨迹操作步骤 22～步骤 66 及对应微课扫描下方二维码学习。

2.1.3 工件坐标的应用

工件坐标应用操作步骤 67～步骤 85 及对应微课扫描下方二维码学习。

2.1.2 创建运动
轨迹操作步骤文档

2.1.2 微课创建
运动轨迹

2.1.3 工件坐标的
应用操作步骤文档

2.1.3 微课工件
坐标系的应用

2.1.4 辅助工具的应用

1. 将工业机器人的仿真录制成视频

在学习和工作中,经常需要将工作站中工业机器人的仿真进行保存,保存形式有视频和.exe 执行文件两种形式,以便在没有安装 RobotStudio 仿真软件时查看工业机器人的运行。

2.1.4 微课辅助
工具的应用

录制视频有两种方法,第一种录制方法的操作步骤如图 2.1.11 所示。

图 2.1.11

录制视频的第二种方法的操作步骤如图 2.1.12 所示。

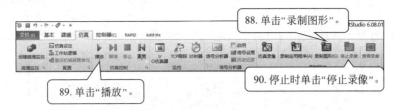

88. 单击"录制图形"。

89. 单击"播放"。

90. 停止时单击"停止录像"。

图 2.1.12

两种录制视频保存方法的区别：第一种方法在保存视频时不能手动停止，自动保存完整的机器人运动轨迹仿真；而第二种方法在保存视频时可以手动停止，从而选择保存完整的运动轨迹或是部分的运动轨迹。

.exe 可执行文件形式的保存操作步骤如图 2.1.13 和图 2.1.14 所示。

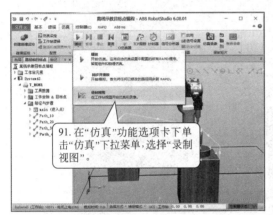

91. 在"仿真"功能选项卡下单击"仿真"下拉菜单，选择"录制视图"。

92. 录制完成后会弹出"另存为"对话框，确定保存位置，单击"保存"。

图 2.1.13

93. 双击打开 .exe 文件，在窗口内，缩放、平移、转换视角的操作与仿真软件内一致。

94. 单击 Play，机器人开始运行。

图 2.1.14

视频形式保存与 .exe 文件形式保存的区别：生成的 .exe 文件打开后，在窗口内进行缩放、平移和转换视角的操作，与在 RobotStudio 中一样，而视频形式则没有这些功能。

2. TCP 跟踪

TCP 跟踪的操作步骤如图 2.1.15 和图 2.1.16 所示。

图　2.1.15

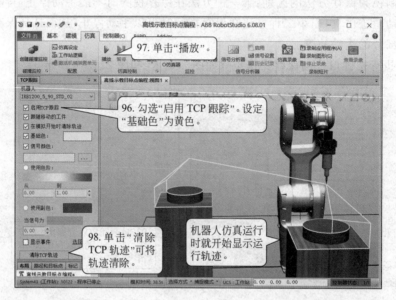

图　2.1.16

工业机器人执行完运动后,运动轨迹是否满足需求,需要对轨迹进行分析,可通过 TCP
跟踪功能将工业机器人运行轨迹记录下来,用作后续分析资料。

为了便于观察并记录 TCP 轨迹,需要将工作站中的路径与目标点/框架隐藏。在"基本"
功能选项卡下选择"显示/隐藏",然后取消勾选"全部目标点/框架"和"全部路径"。

还需注意,进行 TCP 跟踪操作时,如果之前进行碰撞监控,则需要关闭碰撞监控。

3. 碰撞监控

在仿真运行过程中,规划好工业机器人运动轨迹后,一般需要验证当前工业机器人运动
轨迹是否会与周围设备发生干涉,这时可通过碰撞监控功能进行检测。

碰撞监控的操作步骤如图 2.1.17~图 2.1.20 所示。

图　2.1.17

在布局中生成了"碰撞检测设定_1"。碰撞集包含两组对象,分别是 ObjectsA 和
ObjectsB。需要将检测对象分别放入两组对象中,从而检测两组对象之间的碰撞。工作站

中可以设置多个碰撞集,每一个碰撞集只能包含两组对象。每一组碰撞对象可以是一个对象,也可以是多个对象。本任务设置了一个碰撞集,但是碰撞对象组 ObjectsB 包含了四个对象,所以本任务实现的是工具与四个工件之间的碰撞监控。

在布局窗口,可以用鼠标左键选中需要检测的对象,不要松开,将其拖放到对应的组别。

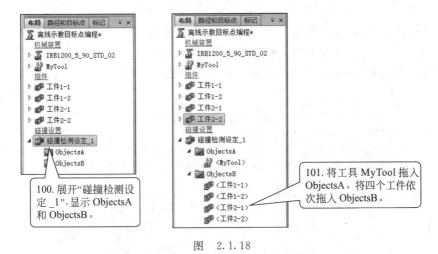

图 2.1.18

然后设定碰撞监控属性,操作步骤如图 2.1.19 所示。

当 ObjectsA 内的任何对象与 ObjectsB 内的任何对象发生碰撞时,此碰撞将在视图窗口显示并记录在输出窗口。

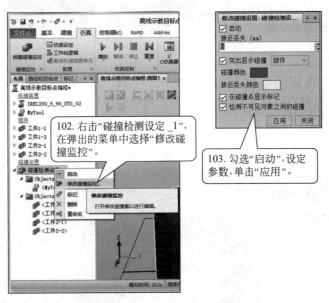

图 2.1.19

"修改碰撞设置"对话框中部分选项的说明如下。

(1)接近丢失:所选择的两组对象之间的距离小于该数值时,则显示"接近丢失颜色"所设定的颜色。这个值可根据具体需求和实际情况设定。

(2)碰撞颜色:所选择的两组对象之间发生碰撞时所显示的颜色。

（3）接近丢失颜色：所选择的两组对象之间的距离小于接近丢失的数值时所显示的颜色。

需要注意的是，碰撞颜色和接近丢失颜色不要设置为同一颜色或相近颜色。

另外，"在碰撞点显示标记"和"检测不可见对象之间的碰撞"，一般情况都会在它们前面进行勾选。

最后执行仿真，在初始接近过程中，工具和工件都是初始颜色，当开始执行工件表面轨迹时，两者接近时显示接近丢失的黄色，此时工具既未与工件距离过远，也未与工件发生碰撞。若执行工件表面轨迹时，显示代表碰撞颜色的红色，则说明工具与工件已经接触或碰撞，如图 2.1.20 所示。

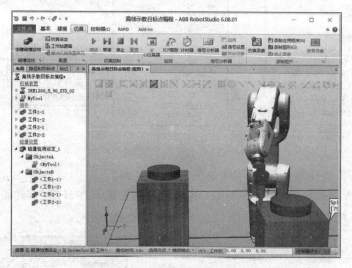

图　2.1.20

2.1.5　离线轨迹编程常见故障分析

（1）运动指令及参数设置不合理，轨迹不能精确到位。

故障现象如图 2.1.21 所示。

2.1.5 微课常见
故障分析

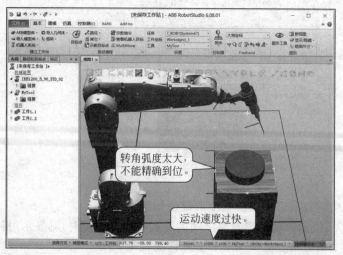

图　2.1.21

解决方法的操作步骤如图 2.1.22 和图 2.1.23 所示。

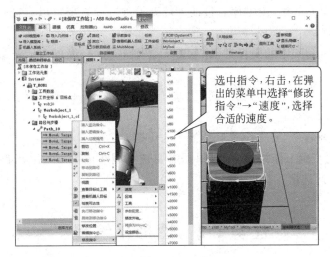

图　2.1.22

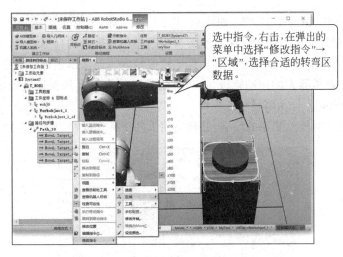

图　2.1.23

（2）程序修改后，运动轨迹没有改变。

故障现象：将运动轨迹进行修改，但在仿真运行时依旧是运行修改前的运动轨迹。

分析原因：修改后的工作站程序与数据没有同步到 RAPID。

解决方法："将工作站同步到 RAPID"后再进行仿真运行。

练习题

1. 填空题

（1）所谓_____，是指以工件为基准描述 TCP 运动的虚拟笛卡儿坐标系。

（2）若要删除路径 Path，在主视图窗口左侧"路径与目标点"栏中，选中所要删除的路径，单击鼠标_____，选择"删除"即可去掉所选路径。

3. 判断题

（1）在 RobotStudio 中，模型库自带的工具无须进行设置即可以直接安装到 ABB 机器人模型上。（　　）

（2）在 RobotStudio 中的坐标系，红色表示 X 轴正方向，绿色表示 Y 轴正方向，蓝色表示 Z 轴正方向。（　　）

（3）在基本功能选项卡中，选择"其它"，然后选择"创建工件坐标"就可以实现工件坐标的创建。（　　）

（4）在编程之前，一定要先设置运动指令的参数。

（5）RAPID 同步到工作站时，可以根据需要选择同步的参数、坐标、路径和数据，但一般情况下不勾选任何选项。（　　）

任务2.2　图形化编程

任务描述

在工业机器人轨迹应用过程中，如涂胶、切割、焊接等，常常需要处理一些不规则曲线，通常的做法是示教目标点，即根据工艺精度要求来示教相应数量的目标点，从而生成工业机器人的运动轨迹，这种方法费时费力且不容易保证轨迹精度。而图形化编程根据 3D 模型的曲线特征自动转换成工业机器人的运动轨迹，这种方法省时省力且容易保证轨迹精度。本任务学习如何利用 RobotStudio 自动路径功能根据三维模型曲线特征自动生成工业机器人运动轨迹，完成如图 2.2.1 所示画板上图案的绘制，并且应用工件坐标完成倾斜画板上图案的绘制。

图　2.2.1

知识学习

工具坐标系是用来确定工具 TCP 位置和工具方向的坐标系，它通常是以 TCP 为原点，以工具接近工件方向为 Z 轴正方向的虚拟笛卡尔坐标系。

2.2.1 微课创建工具

任务实施

2.2.1 创建工具

任务中所选用的工具不是模型库中的工具,需要从软件外部加载并创建成工具。创建工具的步骤有两步,分别为创建框架和创建工具。

创建框架的操作步骤如图 2.2.2~图 2.2.4 所示。

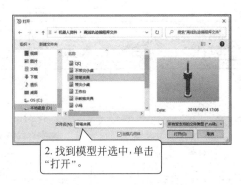

1. 在"基本"功能选项卡下选择"导入模型库",在弹出的菜单中选择"浏览库文件"。

2. 找到模型并选中,单击"打开"。

图 2.2.2

注意:在模型加载到工作站后,需要将模型与库的连接断开,否则在创建工具时会找不到该模型。

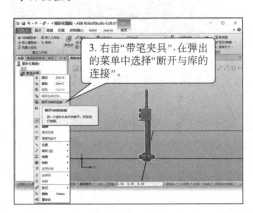

3. 右击"带笔夹具",在弹出的菜单中选择"断开与库的连接"。

4. 在"基本"功能选项卡下选择"框架",在弹出的菜单中选择"创建框架"。

图 2.2.3

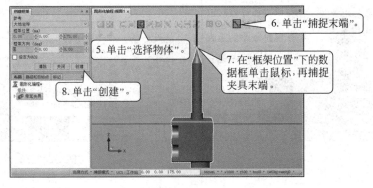

5. 单击"选择物体"。

6. 单击"捕捉末端"。

7. 在"框架位置"下的数据框单击鼠标,再捕捉夹具末端。

8. 单击"创建"。

图 2.2.4

创建工具的操作步骤如图 2.2.5～图 2.2.8 所示。

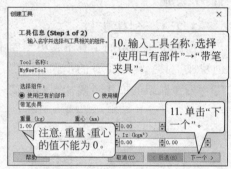

图 2.2.5

图 2.2.6

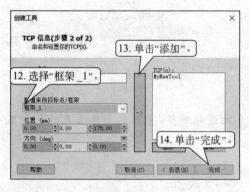

图 2.2.7

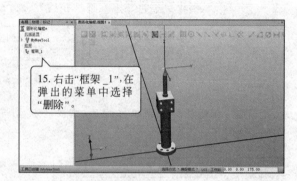

图 2.2.8

工具创建完成后,在视图窗口的笔尖末端出现与大地坐标方向相同的坐标,在布局窗口的工具名称左侧出现扳手图标。

接下来,进行工作站布局,先创建长 300mm、宽 300mm、高 400mm 的矩形体,将矩形体放置在合适的位置,放置时需要显示机器人工作区域,再从外部导入画板,操作步骤如图 2.2.9～图 2.2.13 所示。

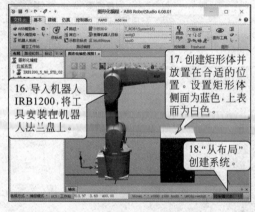

图 2.2.9

图 2.2.10

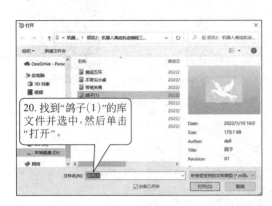

20. 找到"鸽子(1)"的库文件并选中,然后单击"打开"。

图 2.2.11

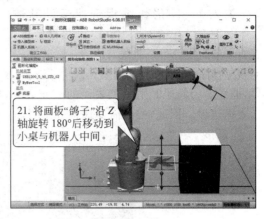

21. 将画板"鸽子"沿 Z 轴旋转 180°后移动到小桌与机器人中间。

图 2.2.12

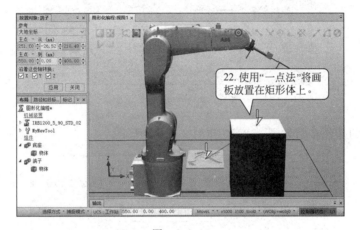

22. 使用"一点法"将画板放置在矩形体上。

图 2.2.13

接下来创建工件坐标,操作步骤如图 2.2.14 所示。

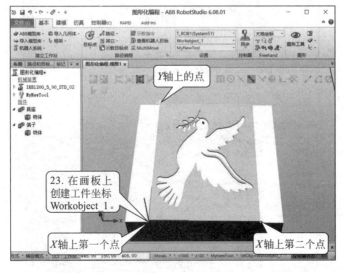

Y轴上的点

23. 在画板上创建工件坐标 Workobject_1。

X轴上第一个点

X轴上第二个点

图 2.2.14

2.2.2 图形化编程创建运动轨迹

如图2.2.15所示,"鸽子"画板模型有4个完整的封闭轮廓,这就意味着有4条曲线。每条曲线对应着1段轨迹程序,用主程序依次调用这4段运动轨迹程序,就能绘制出图案。其中1、2这两条曲线为外围表面的表面边界,曲线3为鸽子眼睛黑色表面的表面边界,曲线4为翅膀中间蓝色表面的表面边界。因此,我们需要捕捉3个表面,从而生成3个表面边界曲线。

2.2.2微课创建
运动轨迹

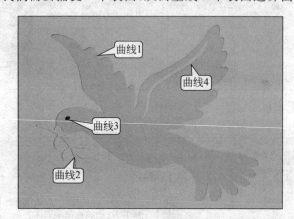

图 2.2.15

创建曲线的操作步骤如图2.2.16和图2.2.17所示。

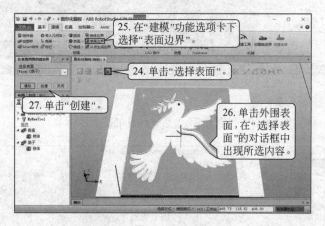

图 2.2.16

图 2.2.17

　　鸽子眼睛黑色表面和翅膀中间蓝色表面的表面边界曲线创建方法,与外围蓝色表面的表面边界曲线创建方法相同。

　　图形化编程创建运动轨迹的操作步骤如图2.2.18和图2.2.19示。

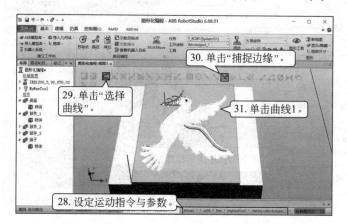

图 2.2.18

图 2.2.19

　　"自动路径"选项框中各选项说明如下。

（1）反转:轨迹运行方向置反,默认为顺时针运行,反转后则为逆时针运行。

（2）参照面:生成的目标点 Z 轴方向与选定表面处于垂直状态。

（3）近似值参数如表2.2.1所示。

表 2.2.1

选　　项	用　途　说　明
线性	为每个目标生成线性指令,圆弧作为分段线性处理
圆弧运动	在圆弧特征处生成圆弧指令,在线性特征处生成线性指令
常量	生成具有恒定间隔距离的点
最小距离/mm	设置两生成点之间的最小距离,即小于该最小距离的点将被过滤掉
最大半径/mm	将圆弧视为直线所确定的圆半径大小,直线视为半径无限大的圆
公差/mm	设置生成点所允许的几何描述的最大偏差

　　需要根据不同的曲线特征选择不同类型的近似值参数类型。通常情况下选择"圆弧运动",这样在处理曲线时,线性部分执行线性运动,圆弧部分执行圆弧运动,不规则曲线部分执行分段式的线性运动;而"线性"和"常量"都是固定的模式,即全部按照选定的模式对曲线进行处理,使用不当则会产生大量的多余点位或者路径精度不满足工艺要求。可以切换不同的近似值参数类型,观察自动生成的目标点位置,从而进一步理解各参数类型下所生成路径的特点,如

图 2.2.20 所示。

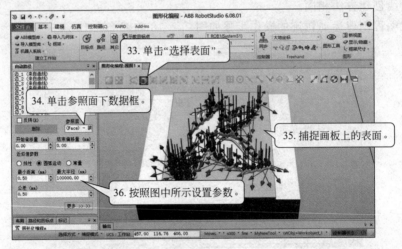

图　2.2.20

曲线 2、3、4 的运动路径创建方法和步骤与曲线 1 的相同,如图 2.2.21 所示。

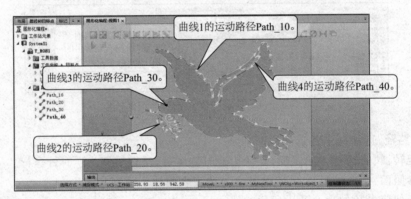

图　2.2.21

2.2.3　目标点调整及路径优化

2.2.3 微课目标点
姿态调及路径优化

　　前面已根据工件边缘曲线自动生成了 4 条工业机器人运行轨迹,但是工业机器人暂时还不能直接按照这 4 条轨迹运行,因为有部分目标点的工具姿态工业机器人还难以到达,运动指令需要进行配置优化。工业机器人目标点工具姿态调整的操作步骤如图 2.2.22 ~ 图 2.2.27 所示,在调整目标点工具姿态的过程中,为了便于查看工具在此姿态下的效果,可以在目标点位置处显示工具。

　　观察图 2.2.23 中的目标点 Target_10 处的工具姿态,工业机器人难以到达该目标点,可以通过改变该目标点的工具姿态,使工业机器人能够到达该目标点。

　　查看路径 Path_10 的其他目标点姿态,有多个目标点的工具姿态不合理,可以利用 Shift 键以及鼠标左键,批量调整修改目标点的工具姿态。需要先在路径中找一个工具姿态符合要求的目标点。

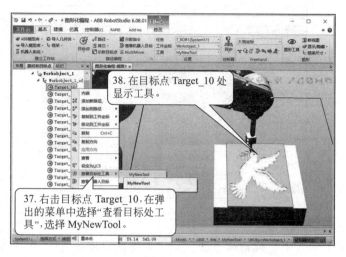

图 2.2.22

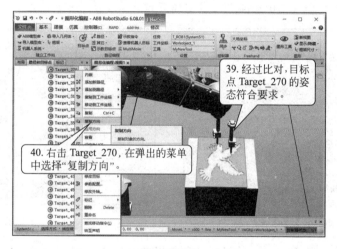

图 2.2.23

图 2.2.24

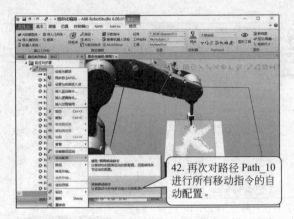

图 2.2.25

这样，路径 Path_10 中全部目标点的工具方向都和目标点 Target_270 保持一致，完成姿态调整。

接下来，给路径 Path_10 添加进入点与离开点。

图 2.2.26

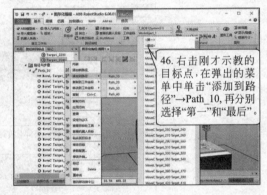

图 2.2.27

Path_20、Path_30、Path_40 的目标点调整以及添加进入点和离开点的方法步骤与路径 Path_10 的相同。

接下来创建主程序 main，操作步骤如图 2.2.28 和图 2.2.29 所示。

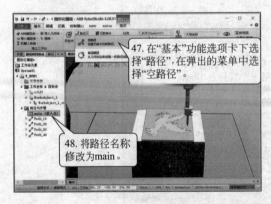

图 2.2.28

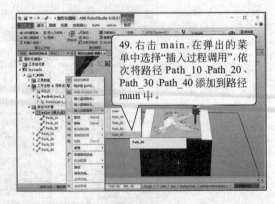

图 2.2.29

添加安全位置的目标点 pHome 的操作步骤如图 2.2.30 和图 2.2.31 所示。

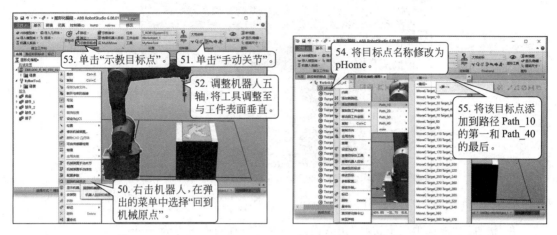

图　2.2.30　　　　　　　　　　　　　　　　　图　2.2.31

然后对路径 Path_10 和 Path_40 的所有移动指令自动配置。

仿真运行的操作步骤如图 2.2.32～图 2.2.34 所示。

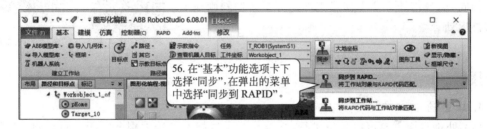

图　2.2.32

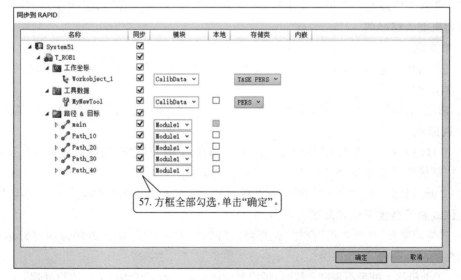

图　2.2.33

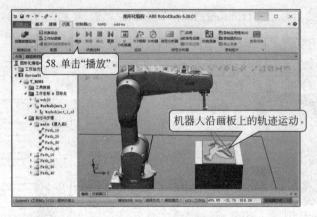

图 2.2.34

在"仿真"功能选项卡下选择"仿真设定",设定仿真的进入点为 main。

2.2.4 拓展练习

在任务描述图示中,倾斜摆放的画板和小桌上的画板
图案相同,请模仿任务 2.1 创建工件坐标实现倾斜画板上
的轨迹运动。

2.2.4 拓展练习
操作步骤文档

2.2.4 微课工件
坐标系的应用

练习题

1. 填空题

(1) 处理目标点时可以批量进行,_____＋鼠标左键选中剩余的所有目标点,然后统
一进行调整。

(2) 机器人轨迹安全点示教完毕后,还需要单击"机器人路径",选择"添加到路径",将
其添加到机器人路径的_____行。

2. 单选题

在工业机器人应用中,如激光切割、涂胶、焊接等,经常需要对一些不规则曲线进行处
理。通常采用(　　)进行编程。

A. 离线示教法　　　B. 离线图形化　　　C. 在线图形法　　　D. 在线扫描法

3. 判断题

(1) "自动路径"选项中的"近似参数"中的"圆弧运动"即在圆弧特征处生成圆弧指令,
在线性特征处生成线性指令。(　　)

(2) "近似参数"中的"线性"和"常量"都不是固定的模式,处理曲线时不会产生大量的
多余点位或路径精度不佳等问题。(　　)

(3) "自动路径"选项中的"反转"就是将运行轨迹方向置反,默认方向为逆时针运行,反
转后则为顺时针运行。(　　)

(4) 工业机器人处理不规则曲线时,可以采用描点法或图形化编程方法进行处理。(　　)

(5) 在实际的工业机器人工作站中,机器人的安全位置根据需要可以设置在机械原
点处。(　　)

项目拓展

　　创建空工作站,导入机器人 IRB1200 和工具 MyTool,再导入两个如图 2.2.35 所示画板,将两个工件一个倾斜 15°摆放,一个倾斜 35°摆放,位置自定。使用图形化编程的方法,绘制两个画板上图案对应的运动轨迹。

图　2.2.35

项目评价

　　技能学习自我检测评分表如下。

任　　务	评 分 标 准	分值	得分情况
离线示教目标点	1. 能够正确创建工件坐标	5	
	2. 能够正确创建矩形体上表面线性运动轨迹	10	
	3. 能够正确创建圆主体上表面弧形运动轨迹	10	
	4. 能够完善程序并仿真运行	5	
	5. 能够正确创建工件 2 的工件坐标	5	
	6. 能够正确创建工件 2 的运动轨迹	5	
辅助工具的应用	1. 能够将工业机器人的仿真录制成视频	5	
	2. 能够正确使用 TCP 跟踪功能。	5	
	3. 能够正确创建并使用碰撞监控功能	5	
图形化编程	1. 能够正确创建工具	5	
	2. 能够正确使用图形化编程方法,创建复杂图形运动轨迹程序	20	
	3. 能够正确进行目标点调整和路径优化	10	
	4. 能够正确创建斜面画板上的运动轨迹	10	

项目3 创建搬运工作站

 项目介绍

本项目工作站,由一台 IRB2600_12_165 型工业机器人、两指工具、左右两个料台和工件组成。具体任务:机器人将工件从右侧料台搬运至左侧料台。

 学习内容

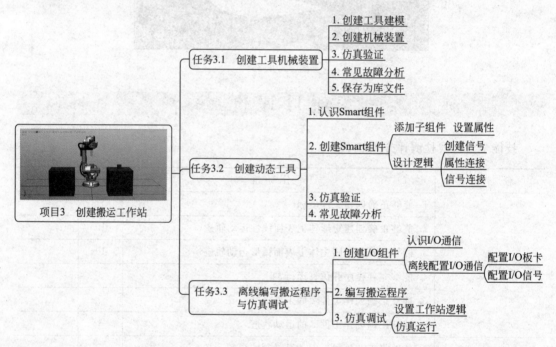

```
项目3 创建搬运工作站 ┬ 任务3.1 创建工具机械装置 ┬ 1. 创建工具建模
                   │                        ├ 2. 创建机械装置
                   │                        ├ 3. 仿真验证
                   │                        ├ 4. 常见故障分析
                   │                        └ 5. 保存为库文件
                   │
                   ├ 任务3.2 创建动态工具 ┬ 1. 认识Smart组件
                   │                     ├ 2. 创建Smart组件 ┬ 添加子组件  设置属性
                   │                     │                  └ 设计逻辑 ┬ 创建信号
                   │                     │                            ├ 属性连接
                   │                     │                            └ 信号连接
                   │                     ├ 3. 仿真验证
                   │                     └ 4. 常见故障分析
                   │
                   └ 任务3.3 离线编写搬运程序 ┬ 1. 创建I/O组件 ┬ 认识I/O通信
                       与仿真调试           │               └ 离线配置I/O通信 ┬ 配置I/O板卡
                                           │                                └ 配置I/O信号
                                           ├ 2. 编写搬运程序
                                           └ 3. 仿真调试 ┬ 设置工作站逻辑
                                                        └ 仿真运行
```

💻 **学习目标**

知识目标

1. 能够复述使用软件本身的建模功能创建两指工具模型,并将其创建为工具类机械装置保存为库文件的方法;

2. 能够理解并复述用 Smart 组件创建动态工具拾取效果所需添加子组件的种类,及其属性设置的方法和步骤;

3. 能够理解并复述传感器子组件的特点;

搬运工作站动画

4. 能够理解并复述 Smart 组件对输入信号的识别要求及其输出信号的特点;

5. 能够理解并复述工具 Smart 组件"属性与连结"和"信号与连接"的含义;

6. 能够理解并复述动态工具 Smart 组件设计选项卡中属性和信号连接的设计逻辑;

7. 能够复述动态工具拾取动画效果的仿真调试步骤;

8. 能够复述离线配置机器人 I/O 通信方法;

9. 能够理解并叙述工具 Smart 组件信号和机器人系统信号的逻辑关系;

10. 能够复述编写机器人程序的框架组成;

11. 能够复述 pHome、pPick、pPlace 目标点点位示教方法;

12. 能够复述仿真设定和调试运行步骤。

能力目标

1. 能够使用软件本身的建模功能创建两指工具模型,并将其创建为工具类机械装置,保存为库文件;

2. 能够用 Smart 组件的子组件创建动态工具拾取动画效果;

3. 能够完成动态工具拾取效果的仿真调试,解决在仿真调试中常见问题;

4. 能够按照要求离线配置机器人 I/O 通信;

5. 能够按照控制要求正确搭建机器人程序框架、编写程序;

6. 能够精确示教目标点位;

7. 能够正确设置工作站逻辑;

8. 能够完成仿真设定调试运行,实现搬运演示;

9. 能够解决仿真调试中常见问题。

素质目标

1. 专注认真的学习态度;

2. 精益求精的工匠精神;

3. 严谨的逻辑思维能力;

4. 创新创意的意识;

5. 将项目进行任务分解的工程思维模式;

6. 不断探索、尝试接受新知识的职业素养。

任务3.1 创建工具类机械装置

任务描述

在构建工业机器人工作站时,工业机器人法兰盘末端会安装用户自定义的工具,我们希望用户工具能够像 RobotStudio 模型库中的工具一样,自动安装到工业机器人法兰盘末端并保证坐标方向一致,而且能够在工具的末端自动生成工具坐标系,从而避免工具方面的仿真误差。本任务的主要内容是,将用软件本身建模功能创建的工具模型和导入的三爪卡盘工具模型,创建成具有工业机器人工作站特性的工具(Tool),如图 3.1.1 所示。

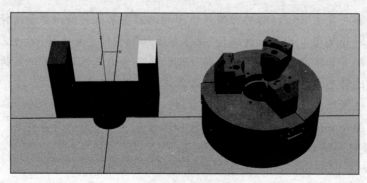

图 3.1.1

知识学习

1. 工具的安装原理

工具模型的本地坐标系与工业机器人法兰盘坐标系 Tool0 重合,工具末端的工具坐标系框架即作为工业机器人的工具坐标系,所以需要对此工具模型做两步图形处理。首先在工具法兰盘端创建本地坐标系框架,之后在工具末端创建工具坐标系框架。这样,自建的工具就有了与系统库里默认的工具同样的属性。

2. 专业英语

如表 3.1.1 所示。

表 3.1.1

序号	英文	中　文
1	BaseLine	基础链接,是相对于机械装置其他部分而言固定不动的链接
2	Base	基础、根基、底部
3	Line	链接、与……有关联

任务实施

3.1.1　创建工具模型

创建工具模型操作步骤 1～步骤 28 及对应微课扫描下方二维码使用。

3.1.2　创建机械装置

创建机械装置操作步骤 29～步骤 52 及微课扫描下方二维码使用。

3.1.1 创建工具
模型步骤文档

3.1.1 微课创建
机械装置步骤

3.1.2 微课创建工具
模型机械装置

3.1.3　常见故障分析

如图 3.1.2～图 3.1.5 所示。

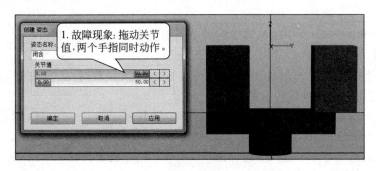

3.1.3 微课常见
故障分析

图 3.1.2

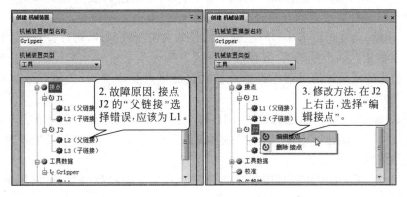

图 3.1.3

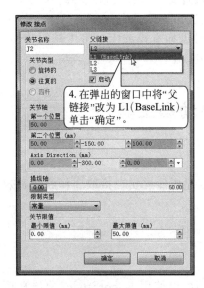

图 3.1.4

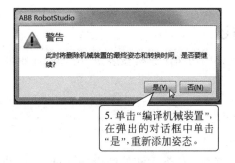

图 3.1.5

练习题

1. 填空题

(1) 在 RobotStudio 创建机械装置过程中设置机械装置的接点参数时,接点的类型有

_____和_____两种。

（2）RobotStudio 6.08中机械装置的关节类型主要有_____和_____类型。

2. 单选题

（1）在创建机械装置的过程中设置机械装置的链接参数时，必须选择一个链接设置为（　），否则无法创建机械装置的链接。

　　A. Fartherlink　　　　B. Poplink　　　　C. BaseLink　　　　D. Tdlink

（2）在RobotStudio中，可以通过（　）创建一个具有动画效果的模型。

　　A. 结合　　　　　　B. 组件组　　　　C. 创建机械装置　　D. 创建工具

3. 判断题

（1）用RobotStudio中创建3D模型的过程中，可以动态修改其相关参数，也就是对创建好的模型可以进行修改直到其符合要求。（　　）

（2）在"建模"功能选项卡中，单击"选择部件"，右击所选部件，可以设置"一个点""两个点""三个点""框架""两个框架"共五种放置方式。（　　）

（3）在创建机械装置的过程中设置机械装置的接点参数时，一个关节必须有父链接和子链接两个链接。（　　）

（4）在RobotStudio中创建机械装置时，每个机械装置只能有一个关节接点。（　　）

（5）在"建模"功能选项卡中，创建机械装置后要对其进行机械装置类型设置，然后才能实现所要达到的效果。（　　）

（6）RobotStudio中创建完机械装置并设置好其机械装置类型后，可以用Freehand中的"手动关节"拖动机械装置进行运动。（　　）

（7）创建机器人用的夹爪工具需要创建夹爪闭合姿态、夹爪张开姿态。（　　）

（8）在创建工具机械装置时，机械装置类型应选为工具。（　　）

（9）在RobotStudio中用户自己创建的工具可以拥有模型库自带工具的特性，因此可以像软件自带工具一样安装在机器人法兰盘上使用。（　　）

任务3.2　创建动态工具

任务描述

将创建的两指工具机械装置，用Smart组件创建成能够实现拾取和释放动画效果的动态工具。

知识学习

1. 认识Smart组件

在没有真实机器人和外围设备的情况下，我们可以使用RobotStudio的仿真功能完成自己的设计。仿真功能中的动态效果对整个工作站起到关键的作用。而Smart组件就是在RobotStudio中实现动画效果的高效工具。例如，在搬运工作站中，通过PoseMover组件可以实现对工具的打开动画和闭合动画，通过Attacher组件可以实现对某个物体的安装，Detacher组件可以实现对某个物体的拆除等。

在建模功能选项卡下创建Smart组件，单击"添加组件"，利用RobotStudio自带的

Smart 组件包进行相关信号的关联和属性的传递等设置,从而实现所需要的动画效果。下面就来了解 Smart 组件包,如图 3.2.1 所示。

图　3.2.1

"信号和属性"可以对信号进行逻辑运算、复位、锁定等功能,如图 3.2.2 所示。

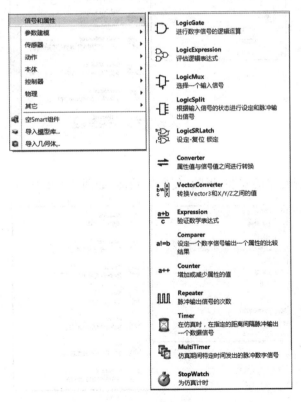

图　3.2.2

"参数建模"提供建模组件,如图 3.2.3 所示。

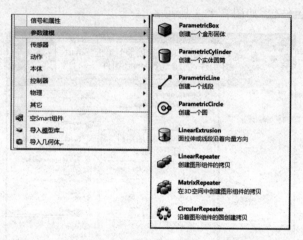

图　3.2.3

"传感器"可以创建线性传感器、面传感器等,如图 3.2.4 所示。

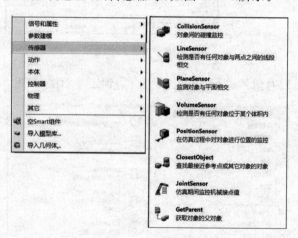

图　3.2.4

"动作"可以实现对象的安装、拆除、复制等功能,如图 3.2.5 所示。

图　3.2.5

"本体"可以实现对象的移动、旋转、指定机械装置关节运动到一个已定义的姿态等功能，如图 3.2.6 所示。

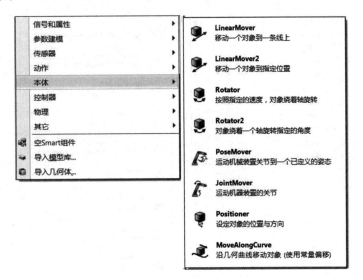

图　3.2.6

"控制器"可以设置或获得 Rapid 变量的值，如图 3.2.7 所示。

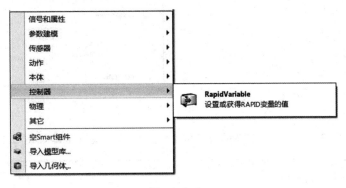

图　3.2.7

"物理"可以设置控制对象的物理特性，如图 3.2.8 所示。

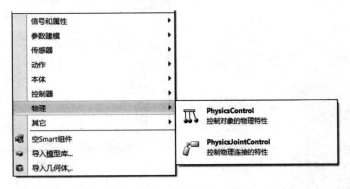

图　3.2.8

"其它"可以实现创建队列、开启 TCP 跟踪、在仿真开始或停止时产生脉冲信号等功能，如图 3.2.9 所示。

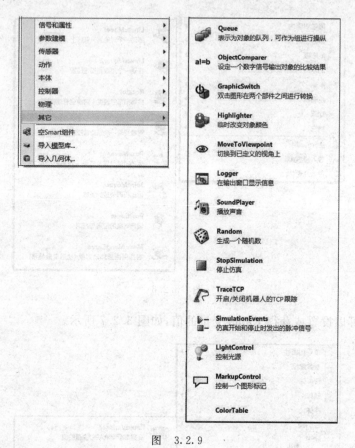

图 3.2.9

可以在软件中查询 Smart 组件的详细功能说明，具体操作步骤如图 3.2.10 所示。

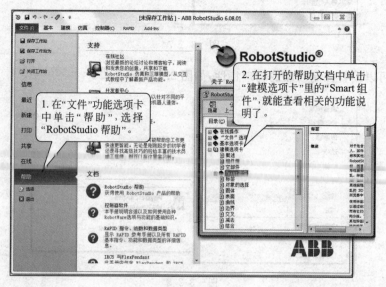

图 3.2.10

2. 专业英语

如表 3.2.1 所示。

表 3.2.1

序号	英文	中文	序号	英文	中文
1	Smart	聪明的	13	Detacher	拆除一个已安装的部件
2	Role	角色	14	KeepPosition	保持位置
3	PoseMover	运动机械装置关节到一个已定义的姿态	15	LogicGate	逻辑门
4	Mechanism	机械装置	16	Operator	运算符
5	Pose	姿态	17	Set	置位
6	Duration	持续时间	18	Reset	复位
7	LineSensor	线性传感器	19	LogicSRLatch	复位、锁定
8	Radius	半径	20	Gripper	工具
9	SensedPart	监测到的部件	21	Execute	执行
10	Attacher	安装一个部件	22	Active	激活
11	Parent	父对象	23	invertor	反、倒置
12	Flange	法兰	24	Vacuum	真空

任务实施

3.2.1 创建 Smart 组件，添加子组件

创建 Smart 组件，操作步骤如图 3.2.11 所示。

3.2.1 微课 1: Smart 组件创建动态工具

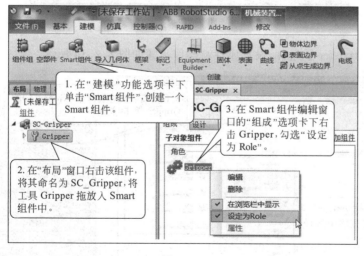

图 3.2.11

因为工具 Gripper 包含一个工具坐标系，将其勾选为 Role 以后，Smart 组件工具就继承

了工具坐标系属性。这样就可以将 Smart 组件工具当作工业机器人的工具使用了。

　　添加 PoseMover 子组件,设置属性。操作步骤如图 3.2.12 和图 3.2.13 所示。

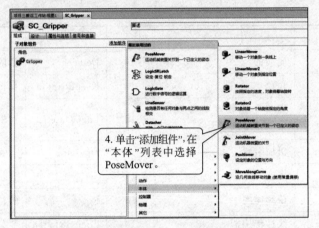

图　3.2.12

 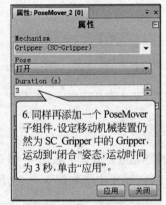

图　3.2.13

　　继续添加 Attacher 子组件,设置属性。操作步骤如图 3.2.14 所示。

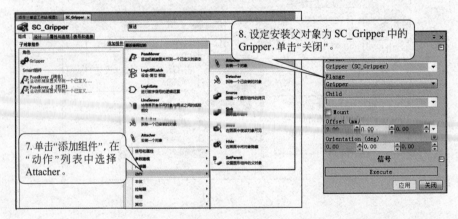

图　3.2.14

继续添加 Detacher 子组件,设置属性,操作步骤如图 3.2.15 所示。

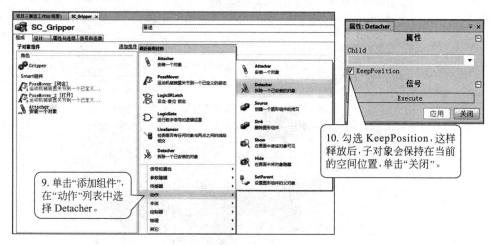

图 3.2.15

已经设定了工具打开、闭合和拾取、释放的动作效果,但没有设定安装和拆除的对象。因为在实际应用中,机器人工具上装有传感器,当传感器检测到物体时,工具才开始拾取动作。下面在工具与工件接触面上设置一个线性传感器,用于检测物体,添加 LineSensor 子组件,设置属性。操作步骤如图 3.2.16 和图 3.2.17 所示。

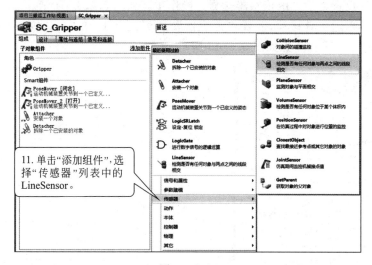

图 3.2.16

虚拟传感器的使用有两项限制,其中一项是当物体与传感器接触时,如果接触部分完全覆盖了整个传感器,传感器就不能检测到与之接触的物体。换言之,若要传感器准确检测到物体,就必须保证在接触时传感器的一部分在物体内部,另一部分在物体外部。所以,为了避免在工具拾取物体时传感器完全进入物体内部,需要人为地将起点 Z 值减小,修改为 95。在当前工具姿态下,终点是相对于起点在大地坐标 Z 轴正方向上偏移一定距离,所以可以参考起点的数值直接输入终点的数值,两者的差值反映了传感器的长度,输入 250。

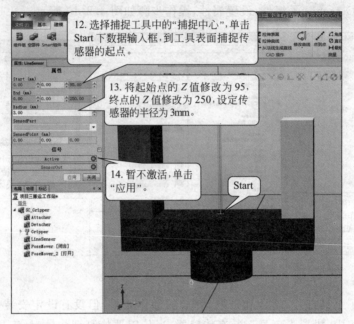

图 3.2.17

虚拟传感器还有一项使用限制,就是一次只能检测一个物体。所以还需要将与传感器接触的工具属性设置为不可由传感器检测。操作步骤如图 3.2.18 所示。

虚拟传感器要随工具移动,需要将传感器安装到工具上,在"布局窗口"将 LineSensor 拖放到 Gripper 上。操作步骤如图 3.2.19 所示。

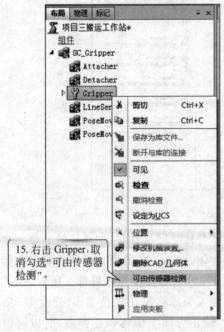

图 3.2.18

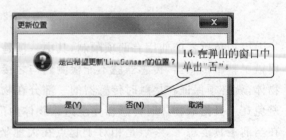

图 3.2.19

在控制系统中，可以用一个信号由"0"到"1"的变化控制工具闭合；由"1"到"0"的变化控制工具打开。而在 Smart 组件应用中，只有信号发生"0"到"1"的变化时才能触发事件，因此就需要添加数字信号的逻辑运算子组件，对这个信号进行取反运算。继续添加 LogicGate 子组件，设置属性。操作步骤如图 3.2.20 所示。

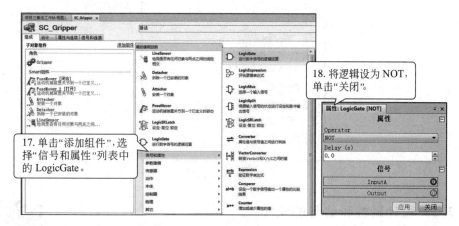

图　3.2.20

当物体被工具拾取后，需要给机器人一个反馈信号，通知机器人工具已经闭合，工件被夹紧了；当物体被释放后，也需要给机器人一个反馈信号，通知机器人工具已经打开，工件被放下了。因此可以用一个信号的两种状态作为反馈信号，信号由"0"到"1"的变化作为工具拾取完成后的反馈信号；由"1"到"0"的变化作为工具打开、工件被释放完成后的反馈信号。又因为在搬运过程中要始终保证工件是被工具夹紧的，避免物体坠落造成安全事故，要求工具拾取完成后的反馈信号在整个搬运过程中始终保持为"1"，这样就需要添加一个能控制信号置位、复位的子组件。继续添加 LogicSRLatch 子组件，设置属性。操作步骤如图 3.2.21 所示。

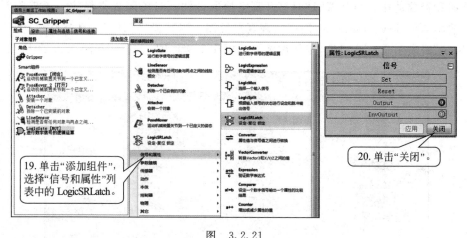

图　3.2.21

到此，创建动态工具所需要的子组件就添加完成了，如图 3.2.22 所示。

图　3.2.22

3.2.2　设计属性和信号的连接

在 Smart 组件编辑窗口的"设计"选项卡下，每个子组件的图形符号都由上下两部分组成，上半部分表示组件的属性，下半部分表示组件的信号。因此在设计逻辑时，需要设计各子组件之间的信号连接以及各子组件之间的属性连接。

3.2.2 微课 2：
Smart 组件创建
动态工具

I/O 连接指的是将创建的 I/O 信号与 Smart 子组件信号连接，以及各 Smart 子组件之间的信号连接关系，用来实现信号交互。

属性连接指的是各 Smart 子组件之间某些属性的连接，实现属性之间的相互关联及影响。

1. 创建信号

下面创建信号，这里的信号是指在本工作站中自行创建的数字信号，是用来与各 Smart 子组件进行信号交互的。根据控制要求，需要创建一个数字输入信号 diGripper，用来控制工具拾取和释放动作。当其置"1"时打开真空拾取，置"0"时关闭真空释放。还需要创建一个数字输出信号 doVacuumOK，用来实现真空反馈。当其置"1"时表示真空已建立，工件被拾取，置"0"时表示真空已消失，工件被释放。操作步骤如图 3.2.23 和图 3.2.24 所示。

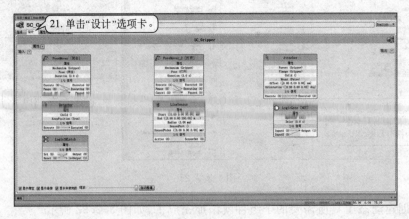

图　3.2.23

22. 单击输入右侧的加号按钮,在弹出的对话框中输入信号名称 diGripper,单击"确定"。

23. 单击输出右侧的加号按钮,在弹出的对话框中输入信号名称 doVacuumOK,单击"确定"。

图 3.2.24

2. 属性和信号的连接

首先来梳理动作逻辑关系。工业机器人运动到拾取位置,Smart 组件的输入信号置"1",激活传感器检测到物体,同时打开真空,工具闭合,将物体安装到工具上,实现拾取动作效果,真空反馈信号置"1"。工业机器人运动到放置位置,Smart 组件的输入信号置"0",关闭真空,工具打开,物体从工具上拆除,实现释放动作效果,真空反馈信号置"0",工业机器人返回等待位置。属性和信号连接的设计如图 3.2.25 所示。

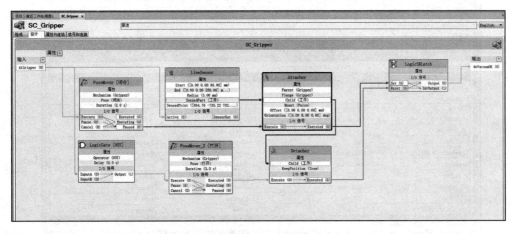

图 3.2.25

组件属性之间的连接如图 3.2.26 所示。

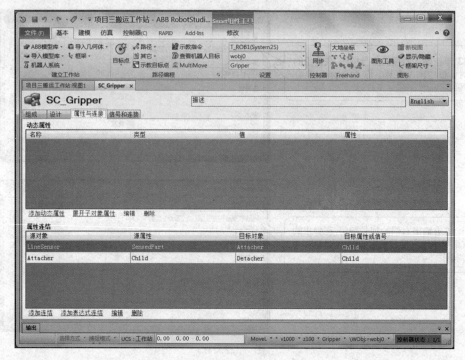

图 3.2.26

组件信号之间的连接如图 3.2.27 所示。

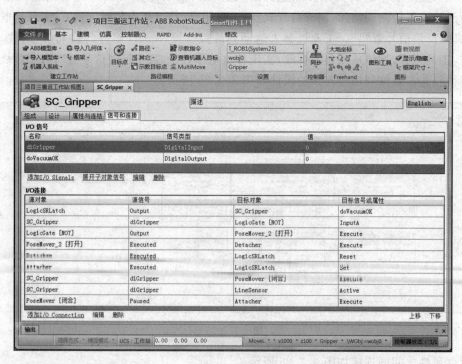

图 3.2.27

3.2.3 仿真调试

首先创建一个长、宽、高均为 100mm 的正方体作为工具的拾取对象。在视图窗口中将
该正方体拖拽到工具正上方的合适位置,如图 3.2.28 所示。

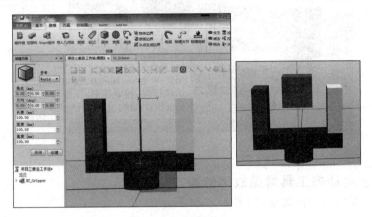

图 3.2.28

接下来进行仿真调试,操作步骤如图 3.2.29~图 3.2.31 所示。

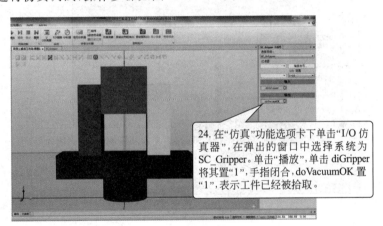

24. 在"仿真"功能选项卡下单击"I/O 仿
真器",在弹出的窗口中选择系统为
SC_Gripper。单击"播放",单击 diGripper
将其置"1",手指闭合,doVacuumOK 置
"1",表示工件已经被拾取。

图 3.2.29

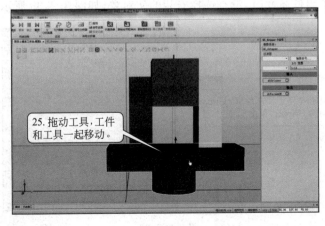

25. 拖动工具,工件
和工具一起移动。

图 3.2.30

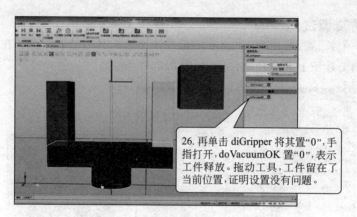

26. 再单击 diGripper 将其置"0"，手指打开，doVacuumOK 置"0"，表示工件释放。拖动工具，工件留在了当前位置，证明设置没有问题。

图　3.2.31

3.2.4　创建动态工具常见故障分析

（1）不能实现拾取动作效果，如图 3.2.32 所示。

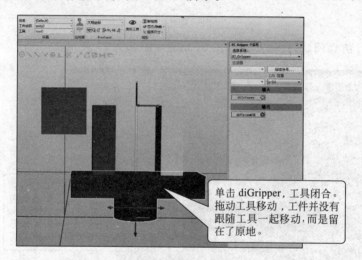

单击 diGripper，工具闭合。拖动工具移动，工件并没有跟随工具一起移动，而是留在了原地。

图　3.2.32

这是因为没有将工件安装到工具上造成的，通常会有以下两种原因。

① 设置安装子组件属性时，没有选择安装的父对象，如图 3.2.33 所示。

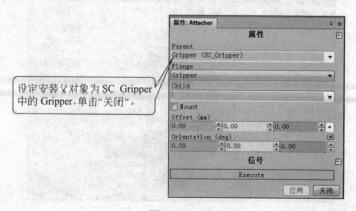

设定安装父对象为 SC_Gripper 中的 Gripper，单击"关闭"。

图　3.2.33

② 因为虚拟传感器一次只能检测到一个物体,传感器是安装在工具上的,没有把工具设为"不可由传感器检测",如图 3.2.34 所示。

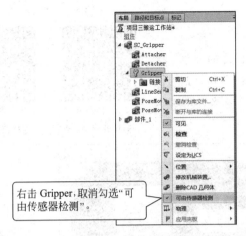

右击 Gripper,取消勾选"可由传感器检测"。

图　3.2.34

(2) 单击 diGripper 后,工具不能完全闭合,如图 3.2.35 所示。

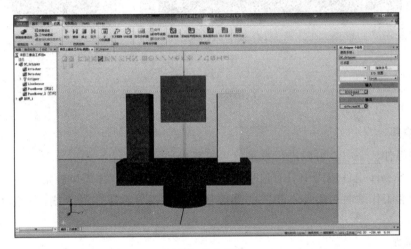

图　3.2.35

这是因为把数字逻辑运算子组件 LogicGate 的属性误设置成 NOP,应改为 NOT 取反,如图 3.2.36 所示。

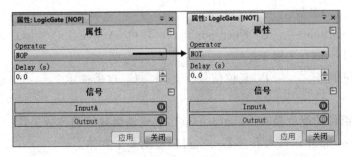

图　3.2.36

出现这些故障都是由于粗心造成的,所以在操作过程中,一定要保持严谨认真的态度和缜密的逻辑思维。由于操作步骤比较多,建议反复练习,养成及时总结操作步骤和经验的习惯。

3.2.5 拓展练习

根据创建两指动态工具的方法,将图 3.2.37 所示数控机床中三爪卡盘的创建为动态工具,实现对工件装夹并带动工件旋转的动画仿真效果。

3.2.5 拓展操作　　3.2.5 微课创建　　3.2.5 微课创建
操作步骤文档　　　三爪卡盘工具　　　三爪卡盘旋转

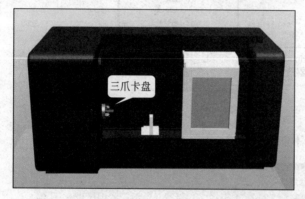

图　3.2.37

练习题

1. 填空题

(1) 子组件_____可以进行数字信号的逻辑运算。

(2) 在 Smart 组件应用中只有信号发生_____的变化时才可以触发事件。

(3) 创建工作站时为避免不相关的部件触发传感器导致工作站不能正常运行,通常可将其设置为_____。

2. 单选题

(1) 检测是否有任何对象与两点之间的线段相交的传感器是(　　　)。

　　A. PlaneSensor　　　B. VolumeSensor　　　C. LineSensor　　　D. CollisionSensor

(2) 创建夹爪 Smart 组件时,若夹爪释放工件后需保持工件的位置不变,可以勾选动作 Detacher 中的(　　　)参数。

　　A. Transition　　　B. Keep position　　　C. Active　　　D. Sensor out

(3) 子组件 LogicGate 属于(　　　)。

　　A. 置位信号　　　B. 复位信号　　　C. 自带锁定　　　D. 逻辑运算

3. 判断题

(1) Smart 组件功能就是在 RobotStudio 中实现动画效果的高效工具。(　　　)

(2) RobotStudio 中的线性传感器一次可以检测多个物体。(　　　)

(3) 在 SC_Gripper 的 Smart 组件中,Attacher 用于将 Child 安装到 Parent 上。(　　　)

（4）在 Smart 组件应用中，只有信号发生 0→1 的变化时才可以触发事件。（　　）

（5）I/O 连接指的是在工作站中自行创建的数字信号用于与各个 Smart 子组件进行信号交互，以及各 Smart 子组件之间的信号关联。（　　）

（6）虚拟传感器可以同时检测两个物体。（　　）

（7）RobotStudio 中设置传感器后，需将工具设为不"可由传感器检测"，以免传感器与工具发生干涉。（　　）

（8）LogicSRLatch 子组件用于置位、复位信号，并且带锁定功能。（　　）

（9）属性连接指的是各 Smart 子组件之间的某些属性的连接，实现属性之间的相互关联及影响。（　　）

（10）工作站中不同的部件均可被同一传感检测装置检测到，不会给工作站的运行带来影响。（　　）

任务3.3　离线编写搬运程序与仿真调试

任务描述

通过完成离线创建 I/O 信号、编写机器人搬运程序、示教目标点、设计工作站逻辑、仿真调试，最终实现搬运工作站的创建。

知识学习

1. 数据存储类型

（1）变量：VAR 可以在程序运行中赋值，停止后恢复运行前的初值。

（2）常量：CONST 只能在声明变量时赋初值，在程序中不可赋值。

（3）可变量：PERS 可以在程序运行中赋值，停止后保持最后赋值。

2. robtarget 位置数据

目标点包含四组数据，依次为 TCP 位置数据 trans:[0,0,0]，TCP 姿态数据 rot:[1,0,0,0]，轴配置数据 robconf:[0,0,0,0]，外部轴数据 extax:[9E9,9E9,9E9,9E9,9E9,9E9]。

例如：

```
PERS robtarget p10: = [[0,0,0][1,0,0,0],[0,0,0,0],[9E9,9E9,9E9,9E9,9E9,9E9]];PERS
robtarget p20;
  p20: = p10;
  p20. trans. z: = p20. trans. z + 100;
```

经上面计算得出 p20 位置数据为

```
PERS robtargetp20 : = [[0,0,100][1,0,0,0],[0,0,0,0],[9E9,9E9,9E9,9E9,9E9,9E9]];
```

3. 编程指令

（1）MoveL：线性运动指令

功能：机器人 TCP 从当前位置移动到目标位置，运动轨迹为直线。

（2）MoveJ：关节运动指令

功能：机器人 TCP 从当前位置快速移动到目标位置，运动轨迹不一定为直线。

（3）Offs

① 功能：用于在一个机械臂位置的工件坐标系中添加一个偏移量。

② 例如：

```
MoveL Offs(place,0,0,70),v1000,z0,ToolFA20\WObj: = wobj0;
!将机械臂移动至距离位置 place 沿 Z 方向 70mm 的位置
```

（4）WaitDI

① 功能：等待，直至已设置的数字输入信号为设定值。

② 例如：

```
WaitDI diToolFA20,1;  !等待输入信号 diToolFA20 为 TRUE
```

（5）ConfJ、ConfL

① 功能：指定机器人在线性运动及圆弧运动过程中，是否严格遵循程序中已设定的轴配置参数。在默认情况下，轴配置监控是打开的，当关闭轴配置监控以后，机器人在运动过程中采取最接近当前轴配置数据的配置到达指定目标点。在某些应用场合，如离线编程创建目标点或手动示教相邻两目标点间轴配置数据相差较大时，在机器人运动过程中，容易出现报警"轴配置错误"而造成停止。此种情况下，若对轴配置要求较高，一般通过添加中间过渡点；若对轴配置要求不高，则可通过指令 ConfL\Off 关闭轴配置监控，使机器人自动匹配可行的轴配置到达指定目标点。

② 例如：关闭轴配置监控。

```
ConfJ\Off;ConfL\Off;
```

（6）AccSet

① 功能：AccSet 用于搬运易碎品或减轻振动和路径误差。它能放慢加减速的增减率，从而让机器人的运动更加平顺。

② 例如：

```
AccSet 50,100;
```

将加速度限制在正常值的 50%，加速度坡度值 100。

（7）VelSet

① 功能：增加或减少所有后续运动指令的已编程速度。该指令也被用来限制最大 TCP 速度。

② 例如：

```
VelSet 100,5000;
```

将所有的编程速率降至指令中值的 100%。不允许 TCP 速率超过 5000mm/s。

4. 专业英语

如表 3.3.1 所示。

表 3.3.1

序号	英　文	中　文
1	Module	模块
2	CONST	常量
3	PERS	可变量
4	robtarget	机器人与外轴的位置数据
5	ConfJ\Off ConfL\Off	关闭轴配置监控
6	AccSet	加速度
7	VelSet	速度
8	Offs	偏移

任务实施

3.3.1 离线配置 I/O 信号

工具有两个信号,输入信号 diGripper 是机器人发送给工具控制工具打开和闭合的;输出信号 doVacuumOK 是反馈给机器人,反映工具是否将工件夹紧的。因此,机器人要有与这两个信号相对应的输出和输入信号。在编程之前,先来创建机器人的这两个信号。操作步骤如图 3.3.1~图 3.3.8 所示。

3.3.1 微课
I/O 板介绍

3.3.1 微课离线
配置 I/O 信号

图 3.3.1

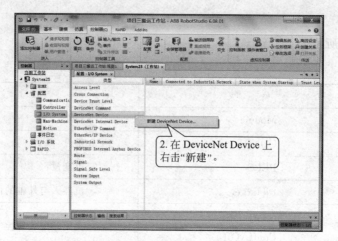

图 3.3.2

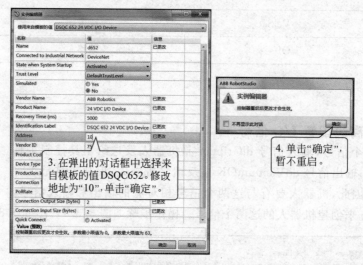

图 3.3.3

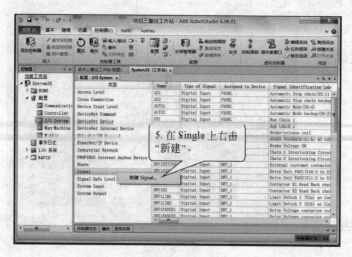

图 3.3.4

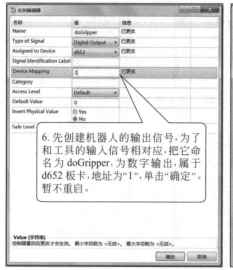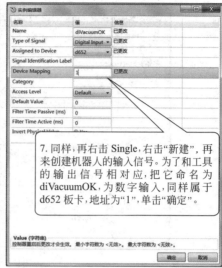

6. 先创建机器人的输出信号,为了和工具的输入信号相对应,把它命名为 doGripper,为数字输出,属于 d652 板卡,地址为"1",单击"确定"。暂不重启。

7. 同样,再右击 Single,右击"新建",再来创建机器人的输入信号。为了和工具的输出信号相对应,把它命名为 diVacuumOK,为数字输入,同样属于 d652 板卡,地址为"1",单击"确定"。

图 3.3.5

8. 在"控制器"选项卡下,单击"重启"→"确定",系统重启。

图 3.3.6

图 3.3.7

9. 在仿真功能选项卡下单击"I/O 仿真器"。在设备中选择 d652 也能看到创建的机器人信号。

图 3.3.8

3.3.2 编写机器人搬运程序

在搬运工作站中机器人需要完成正方体的拾取和放置工作。因此,机器人的程序由 main 主程序、rInitAll 初始化程序、rPick 拾取程序、rPlace 放置程序和 rTeach 示教目标点程序组成。操作步骤如图 3.3.9 所示。

3.3.2 微课离线编程与仿真调试

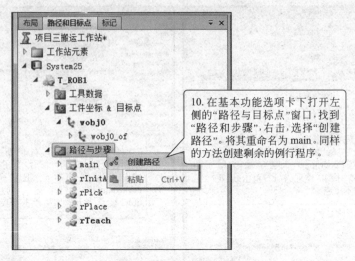

10. 在基本功能选项卡下打开左侧的"路径与目标点"窗口，找到"路径和步骤"，右击，选择"创建路径"。将其重命名为 main。同样的方法创建剩余的例行程序。

图 3.3.9

示教目标点：安全点 pHome、拾取点 pPick、放置点 pPlace。操作步骤如图 3.3.10～图 3.3.14 所示。

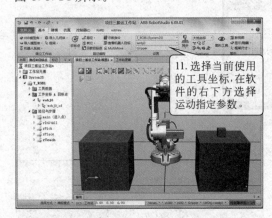

11. 选择当前使用的工具坐标，在软件的右下方选择运动指定参数。

图 3.3.10

12. 选中机器人，切换视图角度，选择手动线性，将机器人拖拽到一个合适的位置作为安全点。单击"示教目标"→"是"。将其重命名为 pHome。

图 3.3.11

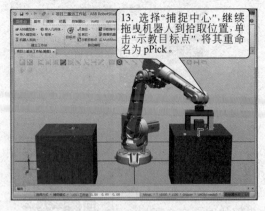

13. 选择"捕捉中心"，继续拖曳机器人到拾取位置，单击"示教目标点"，将其重命名为 pPick。

图 3.3.12

14. 拖曳机器人至放置位置，单击"示教目标点"，将其重命名为 pPlace。

图 3.3.13

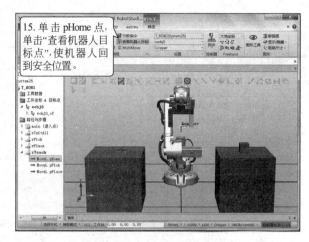

图 3.3.14

下面将三个目标点添加到示教目标点程序 rTeach 中。操作步骤如图 3.3.15 和图 3.3.16 所示。

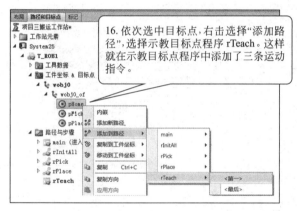

图 3.3.15

同步到 RAPID,操作步骤如图 3.3.17～图 3.3.19 所示。

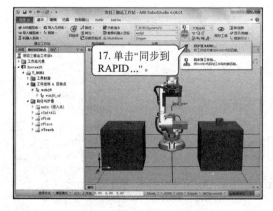

图 3.3.16

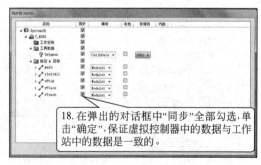

图 3.3.17

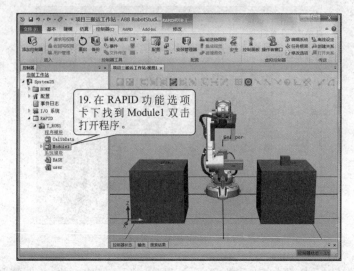

图 3.3.18

图 3.3.19

机器人搬运程序如下。

```
MODULE Module1
    CONST robtarget pHome: = [[556.164026471, - 1.480955751,836.541199094],[0.000000038,
0,1,0],[0,0,0,0],[9E + 09,9E + 09,9E + 09,9E + 09,9E + 09,9E + 09]];  !定义机器人安全位
                                                                          置 pHome
    CONST robtarget pPick: = [[ 885.156960529, 718.068134427, 600.000056243 ],
[0.000000032,0.000000021,1, - 0.000000003],[0, - 1,0,0],[9E + 09,9E + 09,9E + 09,9E + 09,
9E + 09,9E + 09]];                                                !定义机器人拾取位置 pPick
    CONST robtarget pPlace: = [[ 864.762710006, - 735.223578084, 600.000050205 ],
[0.000000029,0.000000003,1, - 0.000000013],[ - 1,0, - 1,0],[9E + 09,9E + 09,9E + 09,9E +
09,9E + 09,9E + 09]];                                           !定义机器人放置位置 pPlace
```

```
PROC main()                !主程序
    rInitAll;              !调用初始化程序
    rPick;                 !调用拾取程序
    rPlace;                !调用放置程序
ENDPROC

PROC rInitAll()            !初始化程序
    ConfJ\Off;             !关闭 J 类型运动的轴配置监控
    ConfL\Off;             !关闭 L 类型运动的轴配置监控
    AccSet 100,100;        !加速度控制
    VelSet 100,5000;       !速度控制
    Reset doGripper;       !复位工具
    MoveJ pHome,v1000,z100,Gripper\WObj:=wobj0;      !工业机器人回工作安
                                                      全位置 pHome

ENDPROC
PROC rPick()               !拾取程序
    MoveL Offs(pPick,0,0,200),v500,z0,Gripper\WObj:=wobj0;   !工业机器人移动到拾
                                                              取上方点
    MoveL pPick,v100,fine,Gripper\WObj:=wobj0;       !工业机器人移动到拾
                                                      取点

    Set doGripper;         !置位工具
        WaitTime 3;        !等待 3 秒
    WaitDI diVacuumOK,1;   !等待真空到位,工具完成拾取
    MoveL Offs(pPick,0,0,200),v500,z0,Gripper\WObj:=wobj0;   !工业机器人返回拾取
                                                              上方点
    MoveJ pHome,v1000,z100,Gripper\WObj:=wobj0;      !工业机器人返回安全
                                                      位置

ENDPROC
PROC rPlace()              !放置程序
    MoveL Offs(pPlace,0,0,200),v500,z0,Gripper\WObj:=wobj0;  !工业机器人移动到放
                                                              置上方点
MoveL pPlace,v100,fine,Gripper\WObj:=wobj0;          !工业机器人移动到放
                                                      置点

    Reset doGripper;           !复位工具
    WaitTime 3;                !等待 3 秒
    WaitDI diVacuumOK,0;       !等待真空复位,工具完成放置
    MoveL Offs(pPlace,0,0,200),v500,z0,Gripper\WObj:=wobj0;  !工业机器人返回放置
                                                              上方点
    MoveJ pHome,v1000,z100,Gripper\WObj:=wobj0;      !工业机器人返回安全
                                                      位置

ENDPROC
PROC rTeach()                  !示教目标点程序
    MoveL pHome,v1000,z100,Gripper\WObj:=wobj0;      !示教机器人安全位
                                                      置 pHome
    MoveL pPick,v1000,z100,Gripper\WObj:=wobj0;      !示教机器人拾取位
                                                      置 pPick
    MoveL pPlace,v1000,z100,Gripper\WObj:=wobj0;     !示教机器人放置位
                                                      置 pPlace

    ENDPROC
ENDMODULE
```

在 RAPID 中输入程序,如图 3.3.20 所示。

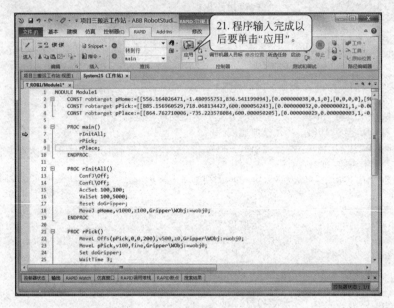

图 3.3.20

3.3.3 仿真调试

1. 设置工作站逻辑

完成工业机器人的工具动态效果创建、I/O 信号配置和程序编写后,接下来需要设定 Smart 组件与工业机器人端的信号通信即工作站逻辑设置,从而完成整个工作站的仿真动画。工作站逻辑设置为:将 Smart 组件的输入/输出信号与工业机器人端的输入/输出信号做信号关联。Smart 组件的输出信号作为工业机器人端的输入信号,工业机器人端的输出信号作为 Smart 组件的输入信号,此处就可以将 Smart 组件当作一个与工业机器人进行 I/O 通信的 PLC 来看待。

将工业机器人端控制工具动作的信号与 Smart 工具的动作信号相连接,Smart 工具的真空反馈信号与工业机器人端的真空反馈信号相连接。操作步骤如图 3.3.21 和图 3.3.22 所示。

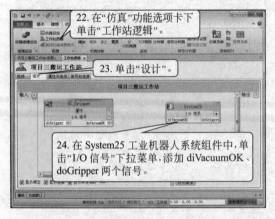

图 3.3.21

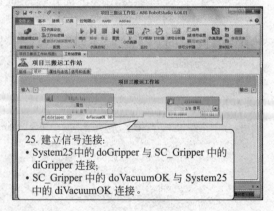

图 3.3.22

2. 仿真运行

操作步骤如图 3.3.23 所示。

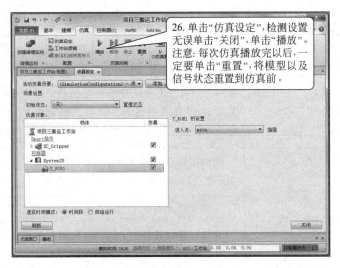

图 3.3.23

练习题

1. 填空题

(1) 在 I/O 单元上创建一个数字 I/O 信号时,至少需要对参数_____、_____、_____、_____进行设置。

(2) 在完成 I/O 配置的设置后,需要在控制器功能选项卡中选择_____。

(3) 每次仿真播放完以后,一定要单击_____,将模型以及信号状态重置到仿真前。

2. 判断题

(1) 在配置编辑器中创建好所需的 I/O 信号后,无须重启控制器,可以直接开始工作站逻辑的设定。(　　)

(2) RobotStudio 中工作站程序编辑完成后,无须设置工作站逻辑就可以进行相应的仿真操作来验证工作是否存在问题。(　　)

(3) 设置工作站逻辑就是将机器人的输入/输出信号与 Smart 组件的输出/输入信号相连。(　　)

(4) RAPID 同步到工作站时,可以根据需要选择同步的参数、坐标、路径和数据,但一般情况下会勾选所有的选项,然后进行同步。(　　)

(5) 在 RAPID 中程序输入完成后要单击"应用"。(　　)

项 目 拓 展

在实际应用中需要机器人实现重复搬运,请在本项目的基础上实现机器人的重复搬运。需要编写机器人循环搬运程序,设计 Smart 组件实现源源不断产生工件的动画效果。

项 目 评 价

技能学习自我检测评分表如下。

任　务	评 分 标 准	分值	得分情况
创建工具类机械装置	能够使用软件本身的建模功能创建两指工具模型,并将其创建为工具类机械装置保存为库文件	10	
使用 Smart 组件创建动态工具	1. 能够正确添加创建动态工具拾取效果所需子组件	10	
	2. 能够正确设置各个子组件的属性	10	
	3. 能够正确设置各个子组件之间属性和信号的连接	10	
	4. 能够完成动态工具拾取效果的仿真调试	10	
离线编写搬运程序与仿真调试	1. 能够按照要求离线配置机器人 I/O 通信	10	
	2. 能够正确搭建机器人程序框架、编写程序	15	
	3. 能够精确示教目标点位	5	
	4. 能够正确设置工作站逻辑	10	
	5. 能够完成仿真设定调试运行,实现搬运演示	10	

项目4 创建带输送链的搬运工作站

项目导学

 项目介绍

本项目工作站由 IRB1600_6_120 型工业机器人、输送链、产品、料台组成。输送链前端的产品沿输送链做直线运动，到达输送链末端时与传感器接触，停止运动。工业机器人将产品从输送链拾取，放置到料台指定位置。依次循环，搬运三次后工业机器人回到等待位置。

学习内容

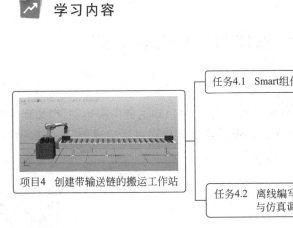

项目4 创建带输送链的搬运工作站

任务4.1 Smart组件创建动态输送链
1.导入输送链
2.创建产品源
3.创建Smart组件
4.创建属性和信号的连接
5.仿真调试
6.常见故障分析

任务4.2 离线编写搬运码垛程序与仿真调试
1.创建工业机器人系统
2.创建系统的I/O信号
3.创建工件坐标
4.编写工业机器人程序
5.设定工作站逻辑
6.仿真调试
7.打包文件

传送带搬运动画

两工位搬运动画

码垛动画

积木码垛动画

上下料输送链动画

饮料装箱动画

 学习目标

知识目标

1. 能够复述动态输送链的动态效果；

2. 能够理解并复述 Smart 组件中各子组件的功能及属性；

3. 能够理解并复述输送链 Smart 组件设计选项卡的设计逻辑；

4. 能够理解并复述工业机器人搬运码垛程序；

5. 能够复述仿真调试输送链、工作站的步骤。

能力目标

1. 能够正确创建动态输送链 Smart 组件，实现动态效果；

2. 能够正确编辑工业机器人搬运码垛程序；

3. 能够正确设置工作站逻辑；

4. 能够正确仿真调试工作站。

素质目标

1. 专注认真的学习态度；

2. 精益求精的工匠精神；

3. 严谨的逻辑思维能力；

4. 创新创意的意识；

5. 将项目进行任务分解的工程思维模式；

6. 不断探索、尝试接受新知识的职业素养。

任务4.1　Smart 组件创建动态输送链

任务描述

　　输送链的动态效果包含输送链前端自动生成产品、产品沿输送链向前运动、产品到达输送链末端接触到平面传感器停止运动、产品被移走后输送链前端再次生成产品，依次循环。输送链的动态效果是由 Smart 组件的强大功能支撑的。

知识学习

　　1. 动态输送链

　　本任务中将添加 Source、Queue、LinearMover、PlaneSensor、LogicGate 等子组件，并设置各子组件的属性。可以在软件中查询 Smart 组件的详细功能说明，具体操作如项目 3 的图 3.2.10 所示。

4.1 微课 Smart
组件创建
动态输送链

　　2. 专业英语

专业英语如表 4.1.1 所示。

表　4.1.1

序号	英　　文	中　　文	序号	英　　文	中　　文
1	Source	来源、起源、根源、源头	7	Parent	父对象
2	Queue	队列、排队等候	8	Copy	复制品、副本
3	Linear	线性的、直线的	9	Execute	执行、实施
4	Mover	行动者、运动的人或者物品	10	Enqueue	添加后面的对象到队列中
5	PlaneSensor	平面传感器、平面检测器	11	Dequeue	删除队列中前面的对象
6	LogicGate	逻辑门	12	Object	对象

续表

序号	英　　文	中　　文	序号	英　　文	中　　文
13	Direction	方向	17	Active	激活
14	Speed	运动速度	18	Input	输入
15	Origin	原点	19	Output	输出
16	Axis	轴	20	Digital	数字的

任务实施

4.1.1　导入输送链

首先导入输送链,操作步骤如图 4.1.1 和图 4.1.2 所示。

 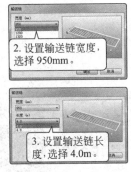

图　4.1.1

图　4.1.2

4.1.2　创建产品源

当输送链末端的产品被移走,输送链前端就会产生一个新的产品。由于产品源源不断地产生,所以将输送链前端的产品命名为产品源。接下来创建产品源,并将产品源放置在输送链的前端。操作步骤如图 4.1.3～图 4.1.9 所示。

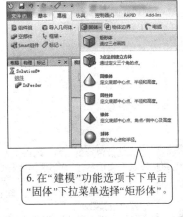 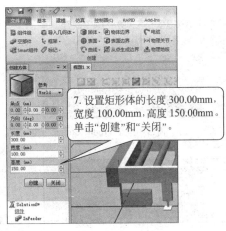

图　4.1.3

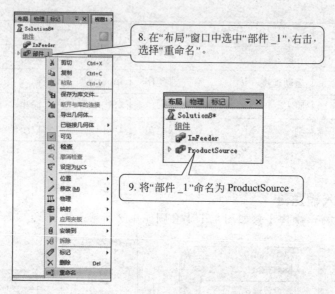

8. 在"布局"窗口中选中"部件_1",右击,选择"重命名"。

9. 将"部件_1"命名为 ProductSource。

图 4.1.4

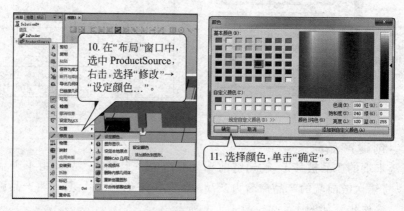

10. 在"布局"窗口中,选中 ProductSource,右击,选择"修改"→"设定颜色..."。

11. 选择颜色,单击"确定"。

图 4.1.5

12. 在"布局"窗口中选中 ProductSource,右击选择"位置"→"放置"→"一个点"。

图 4.1.6

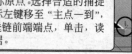

13. 在"放置对象"窗口中,"主点一从"默认为大地坐标原点。选择合适的捕捉工具,按住鼠标左键移至"主点一到",单击。捕捉输送链前端端点,单击,读取端点位置数据。

图 4.1.7

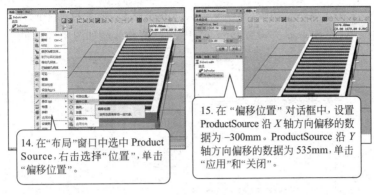

14. 在"布局"窗口中选中 ProductSource，右击选择"位置"，单击"偏移位置"。

15. 在"偏移位置"对话框中，设置 ProductSource 沿 X 轴方向偏移的数据为 −300mm。ProductSource 沿 Y 轴方向偏移的数据为 535mm，单击"应用"和"关闭"。

图 4.1.8

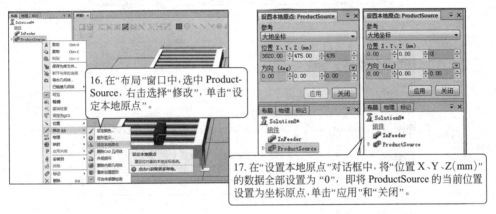

16. 在"布局"窗口中，选中 Product-Source，右击选择"修改"，单击"设定本地原点"。

17. 在"设置本地原点"对话框中，将"位置 X、Y、Z(mm)"的数据全部设置为"0"，即将 ProductSource 的当前位置设置为坐标原点，单击"应用"和"关闭"。

图 4.1.9

4.1.3 创建 Smart 组件

Smart 组件的功能就是在 RobotStudio 中实现动画效果，接下来创建 Smart 组件 SC_InFeeder。操作步骤如图 4.1.10 所示。

18. 在"建模"功能选项卡下单击"Smart 组件"，新建 SmartComponent_1。

19. 在"布局"窗口中，选中 SmartComponent_1，右击，选择"重命名"。

20. 将 SmartComponent_1 命名为 SC_InFeeder。

图 4.1.10

子组件 Source 用于设定产品源，每触发一次 Source 执行，都会自动生成一个产品源的复制品。接下来添加子组件 Source，并设置 Source 的属性。操作步骤如图 4.1.11 和图 4.1.12 所示。

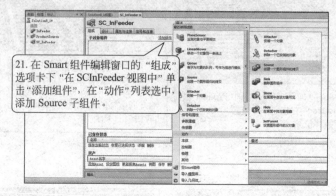

21. 在 Smart 组件编辑窗口的"组成"选项卡下"在 SCInFeeder 视图中"单击"添加组件"，在"动作"列表选中，添加 Source 子组件。

图　4.1.11

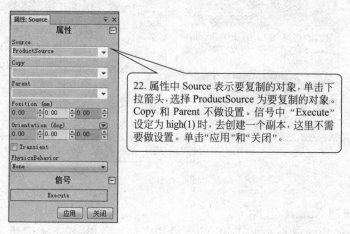

22. 属性中 Source 表示要复制的对象，单击下拉箭头，选择 ProductSource 为要复制的对象。Copy 和 Parent 不做设置。信号中"Execute"设定为 high(1) 时，去创建一个副本，这里不需要做设置。单击"应用"和"关闭"。

图　4.1.12

子组件 Queue 可以将同类型物体做队列处理。接下来添加子组件 Queue，并设置 Queue 的属性。操作步骤如图 4.1.13 和图 4.1.14 所示。

23. 在 SCInFeeder 视图中单击"添加组件"，在"其他"列表中选择 Queue，添加 Queue 子组件。

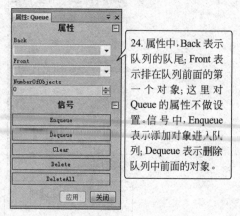

24. 属性中，Back 表示队列的队尾；Front 表示排在队列前面的第一个对象；这里对 Queue 的属性不做设置。信号中，Enqueue 表示添加对象进入队列；Dequeue 表示删除队列中前面的对象。

图　4.1.13　　　　　　　　　　　　　　　图　4.1.14

　　子组件 LinearMover 设定运动属性,其属性包含指定运动物体、运动方向、运动速度、参考坐标系等。此处将之前设定的 Queue 设为运动对象,沿 X 轴负方向运动,速度为 500mm/s,将 Execute 置为"1",则该运动处于执行状态。接下来添加子组件 LinearMover,并设置 LinearMover 的属性。操作步骤如图 4.1.15 和图 4.1.16 所示。

25. 在 SC_InFeeder 视图中,单击"添加组件",在"本体"列表选择 LinearMover,新建 LinearMover 子组件。

图　4.1.15

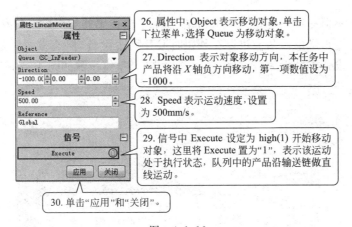

26. 属性中,Object 表示移动对象,单击下拉菜单,选择 Queue 为移动对象。

27. Direction 表示对象移动方向,本任务中产品将沿 X 轴负方向移动,第一项数值设为 −1000。

28. Speed 表示运动速度,设置为 500mm/s。

29. 信号中 Execute 设定为 high(1) 开始移动对象,这里将 Execute 置为"1",表示该运动处于执行状态,队列中的产品沿输送链做直线运动。

30. 单击"应用"和"关闭"。

图　4.1.16

　　在输送链末端设置平面传感器,用平面传感器来检测产品是否到位。接下来添加子组件 PlaneSensor,并设置 PlaneSensor 的属性。操作步骤如图 4.1.17 和图 4.1.18 所示。

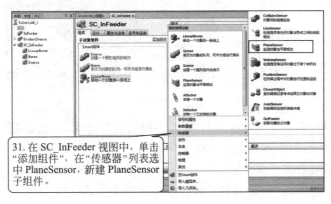

31. 在 SC_InFeeder 视图中,单击"添加组件",在"传感器"列表选中 PlaneSensor,新建 PlaneSensor 子组件。

图　4.1.17

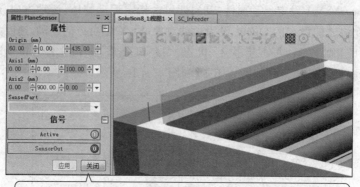

32. 属性中，Origin 表示原点。在视图窗口中，单击"选择部件"→"捕捉对象"，捕捉输送链末端端点作为平面传感器的原点；参考大地坐标系，Axis1 表示平面传感器在 Z 轴正方向的高度，设置数据为"0.00，0.00，100.00"；Axis2 表示平面传感器在 Y 轴正方向的长度，设置数据为"0.00，900.00，0.00"。

信号中 Active 设定为 high(1) 时激活传感器，这里将 Active 置为"1"，表示平面传感器一直处于激活状态。

图 4.1.18

由于虚拟传感器一次只能检测一个物体，如果平面传感器与周边设备发生接触，将无法检测运动到输送链末端的产品。可以在创建时避开周边设备，但通常做法是将可能与该传感器接触的周边设备属性设为"不可由传感器检测"。操作步骤如图 4.1.19 所示。

33. 在"布局"窗口下选中 InFeeder，右击，选择"修改"，取消勾选"可由传感器检测"。为了方便操作，将 InFeeder 放入 Smart 组件。

图 4.1.19

在 Smart 组件中只有信号发生从"0"到"1"的变化时才可以触发事件。当与平面传感器接触的产品被移走，平面传感器的信号变化是从"1"到"0"，无法触发产品源 Source 产生新的复制品，因此，需要将平面传感器的 SensorOut 信号进行取反操作。接下来添加子组件 LogicGate，并设置 LogicGate 的属性。操作步骤如图 4.1.20 和图 4.1.21 所示。

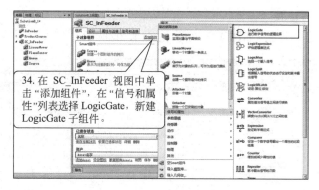

34. 在 SC_InFeeder 视图中单击"添加组件"，在"信号和属性"列表选择 LogicGate，新建 LogicGate 子组件。

图　4.1.20

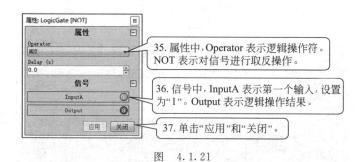

35. 属性中，Operator 表示逻辑操作符。NOT 表示对信号进行取反操作。

36. 信号中，InputA 表示第一个输入，设置为"1"。Output 表示逻辑操作结果。

37. 单击"应用"和"关闭"。

图　4.1.21

4.1.4　创建属性和信号的连接

1. 创建信号

I/O 信号是指在本工作站中自行创建的数字信号，用于与各个 Smart 子组件进行信号交互。启动输送链，需要一个数字信号，这个信号对输送链来讲是输入信号，所以需要创建数字输入信号 diStart；产品运动到输送链末端与平面传感器接触，平面传感器产生信号表示产品到位，这个信号对于输送链来讲是输出信号，需要创建数字输出信号 doBoxInPos。创建信号的操作步骤如图 4.1.22 所示。

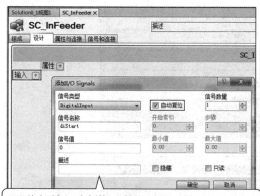

38. 单击"输入"右侧的"+"按钮，打开"添加 I/O Signals"对话框。信号类型选择 DigitalInput，信号名称定义为 diStart，信号值默认为"0"，勾选"自动复位"复选框，完成后单击"确定"。

39. 单击"输出"右侧的"+"按钮，打开"添加 I/O Signals"对话框。信号类型选择 DigitalOutput，信号名称定义为 doBoxInPos，信号值默认为"0"，完成后单击"确定"。

图　4.1.22

2. 属性和信号的连接

创建属性和信号的连接,如图 4.1.23~图 4.1.25 所示。

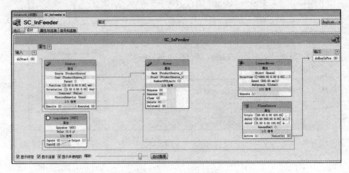

图 4.1.23

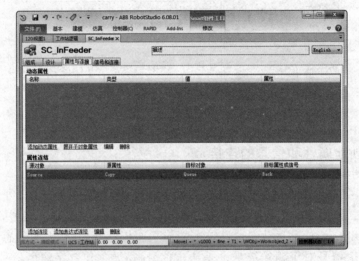

图 4.1.24

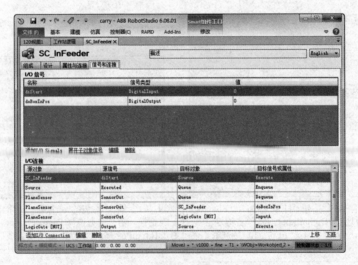

图 4.1.25

属性的连接指的是各 Smart 子组件的某项属性之间的连接。本例中 Source 的复制品是要加入队列的物体，通过属性的连接可以实现生成产品的复制品自动加入队列 Queue 中。进入 Queue 的复制品以相同的方向和速度做直线运动，当执行退出队列操作时，复制品退出队列停止直线运动。

I/O 连接指的是设定的 I/O 信号与 Smart 子组件信号的连接关系，以及各 Smart 子组件之间的信号连接关系。

下面梳理一下整个事件的触发过程。

输入信号 diStart 与 Source 的 Execute 信号连接，利用启动信号 diStart 触发一次 Source，使其产生一个复制品；Source 的 Executed 信号与 Queue 的 Enqueue 信号连接，Source 产生的复制品自动加入设定好的队列 Queue 中，以设定好的方向和速度沿输送链直线运动。

当复制品运动到输送链末端，与设置的平面传感器 PlaneSensor 接触。PlaneSensor 的 SensorOut 信号与 Queue 的 Dequeue 信号连接，使复制品退出队列 Queue；PlaneSensor 的 SensorOut 信号与输出信号 doBoxInPos 连接，将产品到位信号 doBoxInPos 置为"1"，说明产品已经到位。

PlaneSensor 的 SensorOut 信号与 LogicGate[NOT]的 InputA 信号连接，LogicGate[NOT]对传感器的输出信号进行取反操作。LogicGate[NOT]的 Output 信号与 Source 的 Execute 信号连接，当复制品被机器人拾取后，自动触发 Source 再产生一个复制品。

4.1.5　仿真调试

仿真调试动态输送链的操作步骤如图 4.1.26～图 4.1.28 所示。

为了避免在后续的仿真过程中不停地产生大量的复制品，从而导致整体仿真运行不流畅以及仿真结束后需要手动删除等问题，在调试完成后，可更改 Source 的属性，设置成产生临时性复制品，当仿真停止后，所生成的复制品会自动消失。Source 属性设置更改如图 4.1.29 和图 4.1.30 所示。

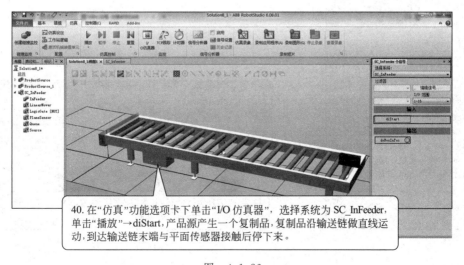

40. 在"仿真"功能选项卡下单击"I/O 仿真器"，选择系统为 SC_InFeeder，单击"播放"→diStart，产品源产生一个复制品，复制品沿输送链做直线运动，到达输送链末端与平面传感器接触后停下来。

图　4.1.26

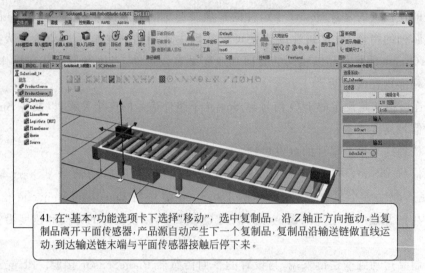

41. 在"基本"功能选项卡下选择"移动"，选中复制品，沿 Z 轴正方向拖动。当复制品离开平面传感器，产品源自动产生下一个复制品，复制品沿输送链做直线运动，到达输送链末端与平面传感器接触后停下来。

图 4.1.27

42. 多次测试后，在"布局"窗口下会产生多个复制品。

图 4.1.28

43. 打开 Source 属性对话框，勾选 Transient 复选框，单击"应用"和"关闭"。

图 4.1.29

44. 再次仿真运行，"布局"窗口不再产生复制品。同时，输送链上的复制品也不能被"移动"。

图 4.1.30

为了方便调用,可以将调试完成的动态输送链保存为库文件。

4.1.6 常见故障分析

4.1.6 微课动态
输送链典型
现象分析

(1) 产品的复制品不在输送链前端产生,故障现象如图 4.1.31 所示。

图 4.1.31

产生这一故障的原因是没有修改产品源的本地原点。产品源本地原点的修改方法如图 4.1.32 所示。

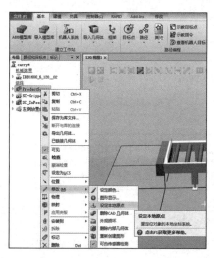

图 4.1.32

(2) 产品复制品到达输送链末端未停止,故障现象如图 4.1.33 所示。

产生这一故障的原因是创建平面传感器时平面传感器与 InFeeder 发生接触,由于虚拟传感器一次只能检测一个物体,因而平面传感器检测不到产品。将 InFeeder 设置为“不可由传感器检测”即可解决该问题,修改 InFeeder 属性的步骤如图 4.1.34 所示。

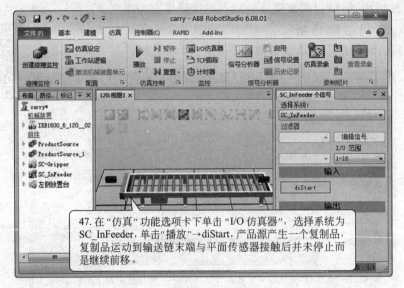

47. 在"仿真"功能选项卡下单击"I/O仿真器",选择系统为SC_InFeeder,单击"播放"→diStart,产品源产生一个复制品,复制品运动到输送链末端与平面传感器接触后并未停止而是继续前移。

图 4.1.33

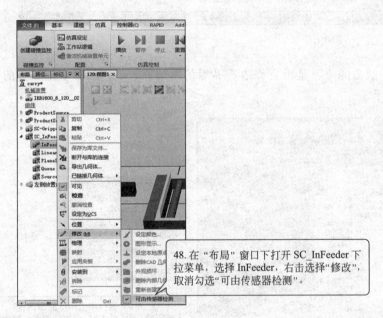

48. 在"布局"窗口下打开SC_InFeeder下拉菜单,选择InFeeder,右击选择"修改",取消勾选"可由传感器检测"。

图 4.1.34

练习题

1. 填空题

（1）激活传感器需要将 PlaneSensor 的输入信号 Active 置为_____。

（2）当复制品与输送链末端挡板处的限位传感器发生接触后,传感器将其本身的输出信号 SensorOut 置为_____。

（3）子组件 Source 的属性中,勾选了 Transient 这个选项,当仿真结束后仿真过程中所生成的复制品_____。

（4）diStart 信号与 Source 中的_____信号进行连接。

2. 判断题

（1）创建一个图形组件的副本需要添加子组件 Source。（　　）

（2）子组件 Queue 的作用是使"Source"产生的部分副本进入队列。（　　）

（3）子组件 LinearMover 的属性包含指定运动物体、运动方向、运动速度、参考坐标系等。（　　）

（4）PlaneSensor 属于"传感器"列表。（　　）

（5）Source 的 Copy 属性需要与 Queue 的 Back 属性连接。（　　）

（6）I/O 连接指的是设定创建的 I/O 信号与 Smart 子组件信号的连接关系，以及各 Smart 子组件之间的信号连接关系。（　　）

任务4.2　离线编写搬运码垛程序与仿真调试

任务描述

产品运动到输送链末端，平面传感器发送产品到位信号给工业机器人，工业机器人拾取产品，并将产品搬运至放置台上依次摆放，完成搬运三件产品的任务后，工业机器人回到安全位置。

4.2 微课工业机器人搬运程序编写与仿真调试

知识学习

在程序框架中，主程序 Main 用来管理各个子程序，rInitAll（初始化）子程序的作用是在搬运程序运行前复位系统信号并让工业机器人回到安全位置，rPick（拾取）子程序用来管理工业机器人拾取产品的动作和路径，rPlace（放置）子程序用来管理工业机器人放置产品的动作和路径，rPosition（位置）子程序用来管理工业机器人放置产品的具体位置，rTeach（示教）子程序用来进行目标点位示教。

专业英语如表 4.2.1 所示。

表　4.2.1

序号	英　文	中　文	序号	英　文	中　文
1	Initiate	根源	4	Place	放置
2	Copy	复制品、副本	5	Position	位置
3	Pick	拾取	6	Teach	示教

任务实施

4.2.1　创建工业机器人系统

创建工业机器人系统的操作步骤如图 4.2.1 所示。

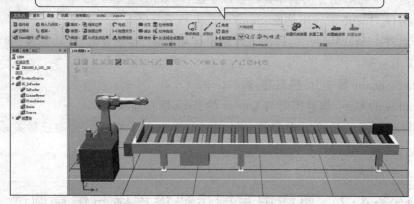

1. 导入 IRB1600 工业机器人、导入 SC_Gripper 库文件,将工业机器人夹具安装到工业机器人的末端。创建长度为 600mm、宽度为 500mm、高度为 500mm 的放置台,将工业机器人、放置台及输送链摆放在合适的位置。

图 4.2.1

4.2.2 创建系统的 I/O 信号

机器人执行拾取产品这一动作的前提是机器人接收到产品到位的信号。产品运动到输送链末端时,SC_InFeeder 发出 doBoxInPos 的信号,因此机器人系统需要创建 diBoxInPos 信号,用来接收产品到位的信号。同样,拾取产品后 SC_Gripper 发出 doVacuumOK 的信号,因此机器人系统需要创建 diVacuumOK 来接收夹具的状态。创建 I/O 板卡和 I/O 信号的步骤参考项目 3 的图 3.3.1~图 3.3.8。本任务中创建的 I/O 信号如图 4.2.2 所示,I/O 信号说明如表 4.3.2 所示。

2. 在"控制器"功能选项卡下,单击"配置"→I/O System。在"配置 –I/O System"窗口双击 Signal,分别创建 diBoxInPos、diVacuumOK、doGripper 等信号。

图 4.2.2

表 4.3.2

信 号	类 型	说 明
diBoxInPos	Di	产品到位信号
diVacuumOK	Di	真空反馈信号
doGripper	Do	控制真空吸盘动作

4.2.3 创建工件坐标

创建工件坐标的操作步骤如图 4.2.3 和图 4.2.4 所示。

3. 在"基本"功能选项卡下单击"其他"→"创建工件坐标"。

图 4.2.3

4. 在"创建工件坐标"窗口中设定工件坐标的名称,选择"用户坐标框架",勾选"三点"。在视图中选中"捕捉工具""选择部件""捕捉对象",单击"X轴上的第一个点"数据框,移动光标至X1点,单击,获取X1点的坐标数据;单击"X轴上的第二个点"数据框,移动坐标至X2点,单击获取X2点的坐标数据;单击"Y轴上的点"数据框,移动光标至Y1点,单击获取Y1点的坐标数据;单击Accept。

5. 在"创建工件坐标"窗口,单击"创建"和"关闭"。

图 4.2.4

4.2.4 编写工业机器人程序

分析工业机器人搬运任务,搭建程序框架,编写工业机器人程序。首先搭建程序框架,操作步骤如图 4.2.5 所示。

接下来对工业机器人的安全位置、拾取位置、放置位置进行点位示教。操作步骤如图 4.2.6 所示。

6. 在"基本"功能选项卡下，打开"路径和目标点"窗口，在"路径与步骤"中，分别创建 Main（主程序）、rInitAll（初始化子程序）、rPick（拾取子程序）、rPlace（放置子程序）、rPosition（位置计算子程序）、rTeach（示教子程序）等。

图 4.2.5

```
PROC rTeach()
    MoveJ pPick,v1000,fine,T1\WObj:=Workobject_2;
    MoveJ pHome,v1000,fine,T1\WObj:=Workobject_2;
    MoveJ pPlace_90,v1000,fine,T1\WObj:=Workobject_2;
ENDPROC
```

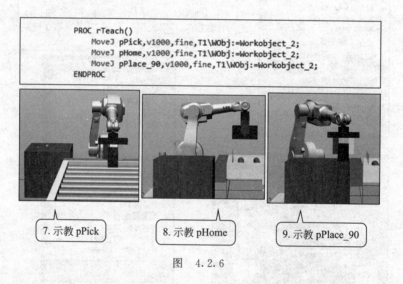

7. 示教 pPick   8. 示教 pHome   9. 示教 pPlace_90

图 4.2.6

最后编写工业机器人程序：

```
MODULE Module1
    CONST robtarget pPick: = [[ 920.562462626, 970.663488927, -5.89539392],[ 0.000290854,
0.000000023, -0.999999958, -0.000000004],[0,0,0,0],[9E+09,9E+09,9E+09,9E+09,9E+09,9E+
09]];                                                 !定义机器人拾取位置 pPick
    CONST robtarget pHome: = [[ 920.562459705, 970.663488856, 214.110496165 ],
[0.000290847,0.000000023, -0.999999958, -0.000000005],[0,0,0,0],[9E+09,9E+09,9E+
09,9E+09,9E+09,9E+09]];                                !定义机器人安全位置 pHome
    CONST robtarget pPlaceBase: = [[ 525.533318032, 249.578165218, 58.525163762 ],
[0.000205163, -0.708656989, -0.705553108, 0.000206137],[ -1, -1,0,0],[9E+09,9E+
09,9E+09,9E+09,9E+09,9E+09]];                          !定义机器人放置基准位置 pPlaceBase
```

```
PERS robtarget pPlace;          !定义机器人放置位置 pPlace
    PERS num nCount;            !定义计数器 nCount
    PROC main()                 !主程序
        rInitAll;               !调用初始化子程序
        WHILE TRUE DO
          IF nCount<4 THEN
              rPosition;        !调用位置计算子程序
              rPick;            !调用拾取子程序
              rPlace;           !调用放置子程序
        ENDIF
        ENDWHILE
    ENDPROC

    PROC rInitAll()             !初始化子程序
        ConfJ\Off;              !关闭 J 类型运动的轴配置监控
        ConfL\Off;              !关闭 L 类型运动的轴配置监控
        AccSet 100,100;         !加速度控制
        VelSet 100,5000;        !速度控制
        Reset doGripper;        !复位工具
        MoveJ pHome,v1000,fine,T1\WObj:=Workobject_2;    !工业机器人移动到安
                                                          全位置

        nCount:=1;              !计数器赋初值为 1
    ENDPROC
ENDMODULE

    PROC rPick()               !拾取子程序
      WaitDI diBoxInPos,1;     !等待产品到位信号
      MoveJ Offs(pPick,0,0,100),v1000,z0,T1\WObj:=Workobject_2;    !工业机器人移动到拾
                                                                    取上方点
      MoveL pPick,v200,fine,T1\WObj:=Workobject_2;     !工业机器人移动到拾
                                                        取位置

      Set doGripper;           !置位工具
      WaitTime 3;              !等待 3 秒
      WaitDI diVacuumOK,1;     !等待真空到位,工具完成拾取
      MoveJ Offs(pPick,0,0,100),v200,z0,T1\WObj:=Workobject_2;    !工业机器人返回拾取
                                                                   上方点
      MoveJ pHome,v1000,fine,T1\WObj:=Workobject_2;     !工业机器人返回安全
                                                         位置

    ENDPROC
    PROC rPlace()              !放置子程序
      MoveJ Offs(pPlace,0,0,200),v1000,z0,T1\WObj:=Workobject_2;    !工业机器人移动到放
                                                                     置上方点
      MoveL pPlace,v200,fine,T1\WObj:=Workobject_2;    !工业机器人移动到放
                                                        置点

      Reset doGripper;         !复位工具
      WaitTime 3;              !等待 3 秒
      WaitDI diVacuumOK,0;     !等待真空复位,工具完成放置
      MoveJ Offs(pPlace,0,0,300),v1000,z0,T1\WObj:=Workobject_2;    !工业机器人返回到放
                                                                     置上方点
```

```
MoveJ pHome,v1000,fine,T1\WObj: = Workobject_2;          !工业机器人返回安全位置
    nCount: = nCount + 1;    !计数器自动加 1
ENDPROC


PROC rPosition()          !位置计算子程序
  TEST nCount
    CASE 1:                 !第一件产品
    pPlace: = offs(pPlaceBase,0,0,0);              !将 pPlaceBase 位置数据赋值给 pPlace
    CASE 2:                 !第二件产品
     pPlace: = offs(pPlaceBase, - 170,0,0);        !将 pPlaceBase 位置数据沿 X 轴负方向偏移
                                                     170mm 再赋值给 pPlace

    CASE 3:                 !第三件产品
     pPlace: = offs(pPlaceBase, - 340,0,0);        !将 pPlaceBase 位置数据沿 X 轴负方向偏移
                                                     340mm 再赋值给 pPlace
  ENDTEST
ENDPROC


PROC rTeach()                                       !点位示教子程序
  MoveJ pPick,v1000,fine,T1\WObj: = Workobject_2;   !示教拾取位置
  MoveJ pHome,v1000,fine,T1\WObj: = Workobject_2;   !示教工业机器人安全位置
  MoveJ pPlace_90,v1000,fine,T1\WObj: = Workobject_2;  !示教放置位置
ENDPROC
```

注意：

（1）在主程序中用 WHILE...DO...ENDWHILE 语句将初始化程序与搬运程序分隔开。

（2）在 rPlace 子程序中添加计数器 nCount，每完成一次搬运，计数器自动加"1"。

（3）在 rPosition 子程序中应用 TEST...CASE...ENDTEST 语句，对计数器数据进行判断并将对应的放置位置数据赋值给 pPlace。

（4）在 rTeach 子程序中对目标点进行点位示教。

（5）在 rInitAll 子程序中将 nCount 赋初值为"1"。

4.2.5 设定工作站逻辑

设定工作站逻辑的操作步骤如图 4.2.7 和图 4.2.8 所示。

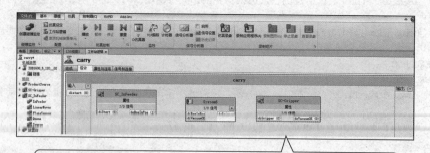

10. 在"仿真"功能选项卡下单击"工作站逻辑"→"设计"。在 System6 工业机器人
系统组件中，单击 "I/O 信号" 下拉菜单，分别添加 diBoxInPos、diVacuumOK、
doGripper 等信号。

图   4.2.7

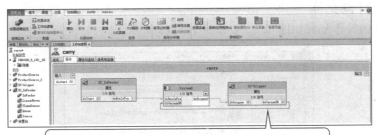

11. 建立信号之间的连接：
- SC_InFeeder 的 doBoxInPos 连接 System6 的 diBoxInPos；
- System6 的 doGripper 连接 SC_Gripper 的 diGripper；
- SC_Gripper 的 doVacuumOK 连接 System6 的 diVacuumOK。

图 4.2.8

4.2.6 仿真调试

仿真运行的操作步骤如图 4.2.9 和图 4.2.10 所示。

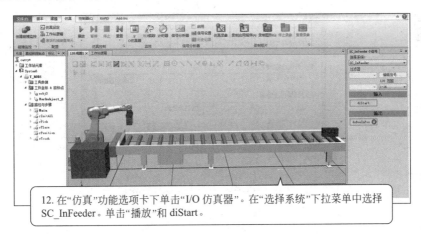

12. 在"仿真"功能选项卡下单击"I/O 仿真器"。在"选择系统"下拉菜单中选择 SC_InFeeder。单击"播放"和 diStart。

图 4.2.9

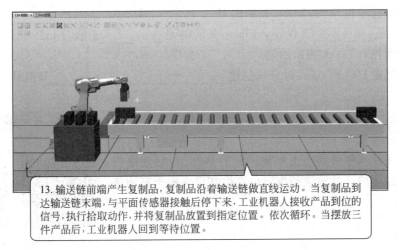

13. 输送链前端产生复制品，复制品沿着输送链做直线运动。当复制品到达输送链末端，与平面传感器接触后停下来，工业机器人接收产品到位的信号，执行拾取动作，并将复制品放置到指定位置。依次循环。当摆放三件产品后，工业机器人回到等待位置。

图 4.2.10

4.2.7 打包文件

打包文件的操作步骤如图 4.2.11 和图 4.2.12 所示。

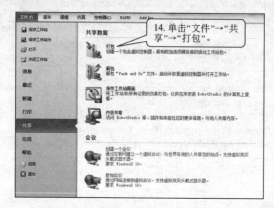

图　4.2.11

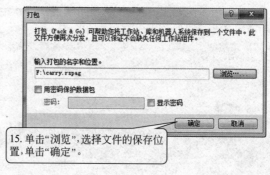

图　4.2.12

练习题

填空题

（1）创建程序框架时，Main 表示的是＿＿＿＿＿，rInitAll 表示的是＿＿＿＿＿子程序，rPick 表示的是＿＿＿＿＿子程序，rPlace 表示的是＿＿＿＿＿子程序，rPosition 表示的是＿＿＿＿＿子程序，rTeach 表示的是＿＿＿＿＿子程序。

（2）在配置 I/O System 时分别创建＿＿＿＿＿、＿＿＿＿＿、＿＿＿＿＿等信号。

项 目 拓 展

在完成本项目动态上料输送链的基础上，创建能将机器人搬运的产品输送到指定位置后并消失的下料输送链，如图 4.2.13 所示。

4.2.7 项目
拓展步骤文档

4.2.7 微课创建
下料输送链

图　4.2.13

项 目 评 价

技能学习自我检测评分表如下。

任　　务	评 分 标 准	分值	得分情况
Smart 组件创建 动态输送链	1. 能够正确创建产品源	10	
	2. 能够正确创建 Smart 组件、正确添加各子组件并正确设置各子组件的属性	15	
	3. 能够正确创建属性和信号的连接	10	
	4. 能够正确仿真调试输送链	10	
编写工业机器人 搬运程序	1. 能够正确创建工业机器人系统、I/O 信号、工件坐标	15	
	2. 能够正确编写工业机器人初始化、拾取、放置、位置计算、点位示教等子程序	20	
	3. 能够正确设定工作站逻辑	10	
	4. 能够正确仿真调试工作站	10	

项目5　创建带导轨的工作站

项目导学

 项目介绍

标准工业机器人在固定安装的情况下,其工作范围会受到自身臂展长度的限制。如果要让工业机器人能够覆盖较大的工作区域,需要将工业机器人安装在一个运动平台上,这个可移动的运动平台通常被称为工业机器人的七轴。直接铺设在地面上的七轴,俗称导轨。

在工业应用中,为工业机器人系统配备导轨,可以大大增加工业机器人的工作范围,在处理多工位以及较大工件时有着广泛的应用。本项目将为到达范围为 2.5m 的工业机器人铺设长度为 5m 的导轨,实现长度为 4m 的钢结构房梁的焊接任务。

 学习内容

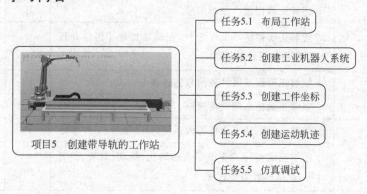

项目5　创建带导轨的工作站

- 任务5.1　布局工作站
- 任务5.2　创建工业机器人系统
- 任务5.3　创建工件坐标
- 任务5.4　创建运动轨迹
- 任务5.5　仿真调试

带导轨工作站
运行动画

两台机器人机床
上下料动画

项目5微课钢
结构房梁埋弧
焊工作站

学习目标

知识目标

1. 能够理解并复述布局带导轨工作站的相关设置;
2. 能够理解并复述带导轨的工业机器人系统的创建方法;
3. 能够理解并复述带导轨的工业机器人运动轨迹的创建方法;
4. 能够掌握仿真运行的相关设定。

能力目标

1. 能够合理布局带导轨的工作站;
2. 能够正确创建带导轨的工业机器人系统;
3. 能够准确示教目标点;

4. 能够合理完善工业机器人的运动轨迹；

5. 能够正确进行仿真运行。

素质目标

1. 专注认真的学习态度；

2. 精益求精的工匠精神；

3. 严谨的逻辑思维能力；

4. 创新创意的意识；

5. 不断探索、尝试接受新知识的职业素养。

知识学习

1. 导轨的类型

为工业机器人配备导轨时，工业机器人模型与导轨模型要按照适用范围进行匹配，否则无法正确创建工业机器人系统。具体对应关系如表5.1所示。

表 5.1

导轨类型	适 用 范 围	有效行程/m
IRBT 2005	IRB 1520、IRB 1600、IRB 2600	2~21
IRBT 4004	IRB 4400、IRB 4600	2~20
IRBT 6004	IRB 6620、IRB 6640、IRB 6650S、IRB 6700	2~20
IRBT 7004	IRB 7600	2~20

2. 专业英语

专业英语如表5.2所示。

表 5.2

序号	英 文	中 文
1	Accept	接受、认可
2	Default	默认、预置值
3	Industrial Network	工业网络
4	DeviceNet	现场总线标准
5	Master	主站
6	Slave	从站
7	Anybus Adapter	总线适配器

任务5.1　布局工作站

任务实施

布局工作站的操作步骤如图5.1.1~图5.1.9所示。

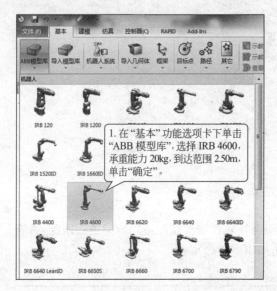

图 5.1.1

图 5.1.2

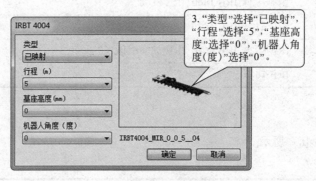

图 5.1.3

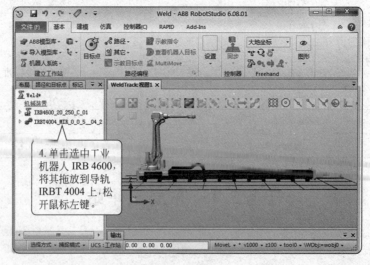

图 5.1.4

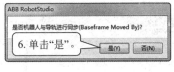

图　5.1.5

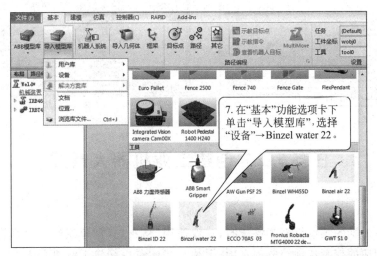

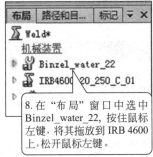
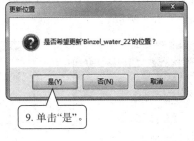

图　5.1.6

图　5.1.7

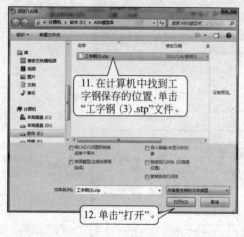

11. 在计算机中找到工字钢保存的位置，单击"工字钢 (3).stp"文件。

12. 单击"打开"。

图 5.1.8

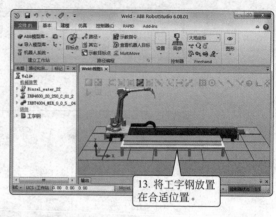

13. 将工字钢放置在合适位置。

图 5.1.9

任务5.2 创建工业机器人系统

任务实施

在创建带外轴的工业机器人系统时，建议使用"从布局"创建系统。这样在创建过程中会自动添加相应的控制选项及驱动选项，无须自行配置。创建工业机器人系统的操作步骤如图 5.2.1～图 5.2.3 所示。

1. 在"基本"功能选项卡下单击"机器人系统"→"从布局…"。

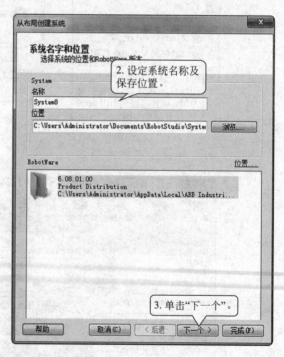

2. 设定系统名称及保存位置。

3. 单击"下一个"。

图 5.2.1

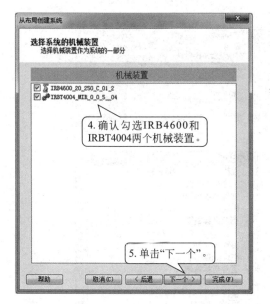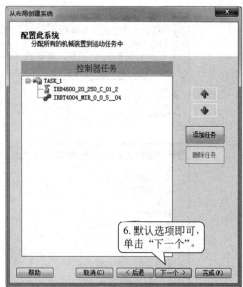

图　5.2.2

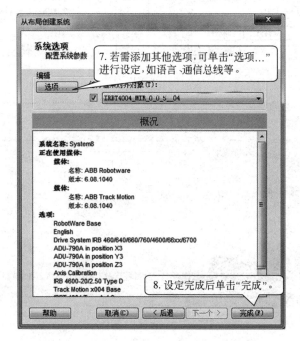

图　5.2.3

任务5.3　创建工件坐标

任务实施

创建工件坐标的操作步骤如图5.3.1和图5.3.2所示。

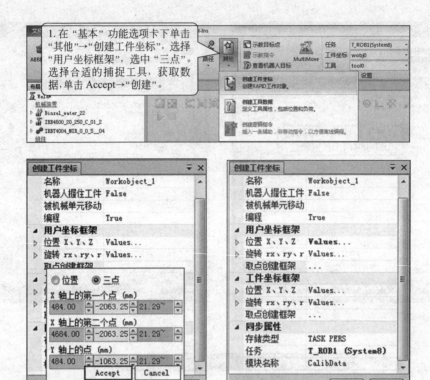

图 5.3.1

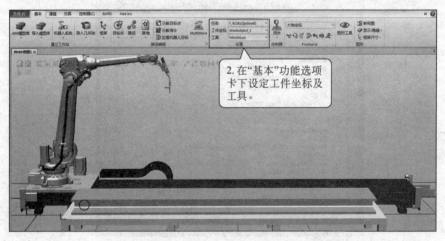

图 5.3.2

任务5.4 创建运动轨迹

导轨作为工业机器人的外轴,在示教目标点时,既保存了工业机器人本体的位置数据,又保存了导轨的位置数据。下面就在此系统中创建几个目标点生成运动轨迹,使工业机器人与导轨同步运动。创建运动轨迹的操作步骤如图5.4.1~图5.4.7所示。

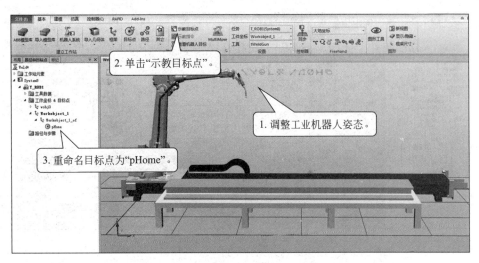

图   5.4.1

图   5.4.2

图   5.4.3

图 5.4.4

图 5.4.5

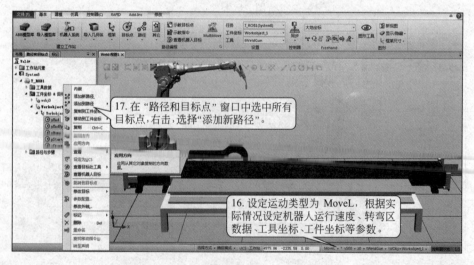

图 5.4.6

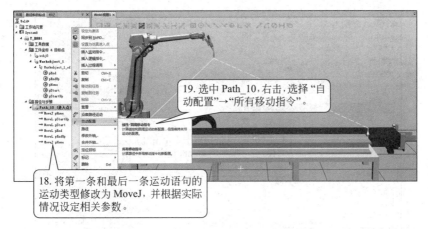

图　5.4.7

任务5.5　仿真调试

仿真调试的操作步骤如图 5.5.1～图 5.5.3 所示。

图　5.5.1

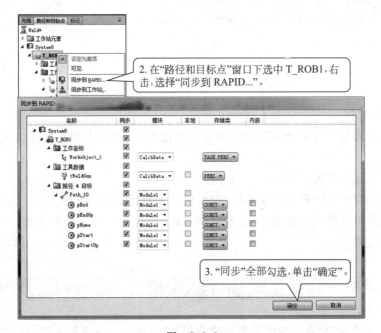

图　5.5.2

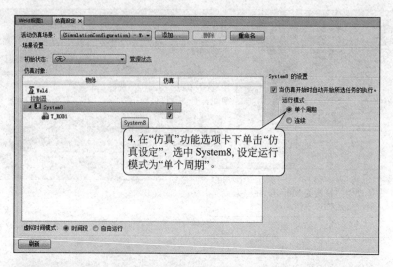

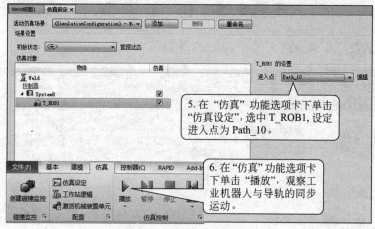

图 5.5.3

练习题

判断题

(1) 机器人模型与行走轴模型要按照适用范围进行匹配,否则无法正确创建机器人系统。(　　)

(2) 导轨不属于机械装置。(　　)

(3) IRBT 4004 的机器人角度选择 0°时,机器人初始方向与导轨方向一致。(　　)

(4) 导轨作为机器人的外轴,在示教目标点时,既保存了机器人的本体位置数据,又保存了导轨的位置数据。(　　)

项 目 拓 展

如图 5.5.4 所示,现有两根工字钢需要焊接,尝试编写工业机器人程序并调试运行。

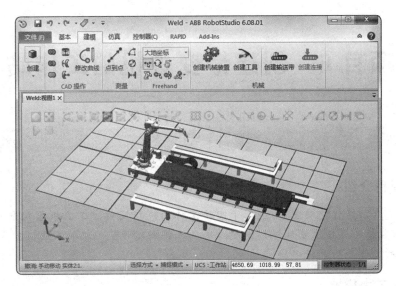

图 5.5.4

项 目 评 价

技能学习自我检测评分表如下。

任 务	评 分 标 准	分值	得分情况
创建带导轨的工作站	1. 能够正确导入工业机器人、与工业机器人匹配的导轨、焊枪、工字钢并正确布局工作站	20	
	2. 能够正确创建带导轨的工业机器人系统	10	
	3. 能够准确示教目标点	20	
	4. 能够正确创建并完善工业机器人的运动轨迹	40	
	5. 能够正确调试工作站仿真运行	10	

项目 6　创建带变位机的工作站

项目导学

 项目介绍

变位机是专用焊接辅助设备,适用于回转工作的焊接变位。工业机器人配合变位机使用,可以得到理想的焊接位置和焊接速度。本项目将创建带变位机的工业机器人系统,应用工业机器人对工件表面进行焊接。

 学习内容

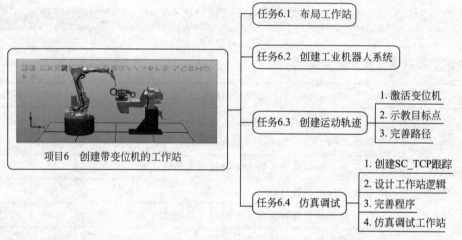

项目6　创建带变位机的工作站

- 任务6.1　布局工作站
- 任务6.2　创建工业机器人系统
- 任务6.3　创建运动轨迹
  - 1. 激活变位机
  - 2. 示教目标点
  - 3. 完善路径
- 任务6.4　仿真调试
  - 1. 创建SC_TCP跟踪
  - 2. 设计工作站逻辑
  - 3. 完善程序
  - 4. 仿真调试工作站

学习目标

知识目标

1. 能够理解并复述布局带变位机工作站的相关设置;
2. 能够理解并复述带变位机的工业机器人系统的创建方法;
3. 能够理解并复述带变位机的工业机器人运动轨迹的创建方法;
4. 能够理解并复述 SC_TCP 跟踪的创建方法;
5. 能够理解并复述工作站逻辑的设计方法;
6. 能够理解并复述仿真运行的相关设定。

能力目标

1. 能够合理布局带变位机的工作站;
2. 能够正确创建带变位机的工业机器人系统;
3. 能够准确示教目标点;
4. 能够合理规划带变位机的工业机器人运动轨迹;

变位机焊接
轨迹消失动画

5. 能够正确创建 SC_TCP 跟踪；

6. 能够正确设计工作站逻辑；

7. 能够正确进行仿真运行。

素质目标

1. 专注认真的学习态度；

2. 精益求精的工匠精神；

3. 严谨的逻辑思维能力；

4. 创新创意的意识；

5. 将项目进行任务分解的工程思维模式；

6. 不断探索、尝试接受新知识的职业素养。

知识学习

1. 变位机的作用

在加工过程中变位机，替代工作人员翻转工件的工序，节省时间，提升效率。同时，变位机配合工业机器人工作，可以为工业机器人提供最好的实施作业的角度。

2. 专业英语

专业英语如表 6.1 所示。

表　6.1

序号	英　文	中　文	序号	英　文	中　文
1	Fixture	固定装置	4	Unit	单元、装置
2	Target	目标、对象	5	Trace	追踪、描绘
3	Act	行为、行动			

任务6.1　布局工作站

6.1 微课 1：带变位机的机器人系统创建与应用

任务实施

布局工作站的操作步骤如图 6.1.1～图 6.1.9 所示。

1. 在"基本"功能选项卡下单击"ABB 模型库"下拉菜单，选择 IRB 2600。

2. 选择默认规格，单击"确定"。

图　6.1.1

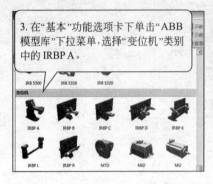

3. 在"基本"功能选项卡下单击"ABB模型库"下拉菜单,选择"变位机"类别中的 IRBP A。

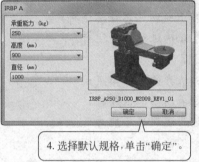

4. 选择默认规格,单击"确定"。

图 6.1.2

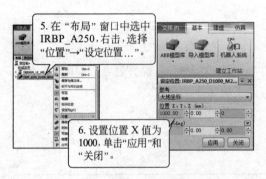

5. 在"布局"窗口中选中 IRBP_A250,右击,选择"位置"→"设定位置…"。

6. 设置位置 X 值为 1000,单击"应用"和"关闭"。

图 6.1.3

7. 在"建模"功能选项卡下选择"固体"→"圆柱体"。

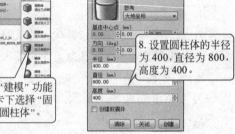

8. 设置圆柱体的半径为 400,直径为 800,高度为 400。

图 6.1.4

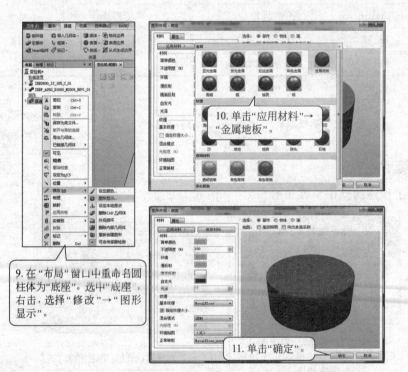

9. 在"布局"窗口中重命名圆柱体为"底座"。选中"底座",右击,选择"修改"→"图形显示"。

10. 单击"应用材料"→"金属地板"。

11. 单击"确定"。

图 6.1.5

12. 在"布局"窗口中选中 IRB2600,右击,选择"位置"→"设定位置"。

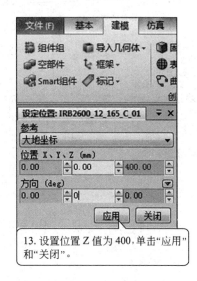

13. 设置位置 Z 值为 400,单击"应用"和"关闭"。

图 6.1.6

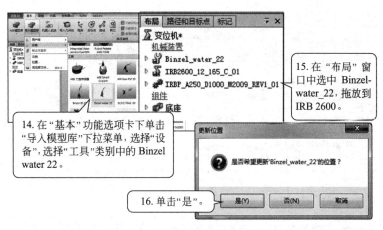

15. 在"布局"窗口中选中 Binzel-water_22,拖放到 IRB 2600。

14. 在"基本"功能选项卡下单击"导入模型库"下拉菜单,选择"设备",选择"工具"类别中的 Binzel water 22。

16. 单击"是"。

图 6.1.7

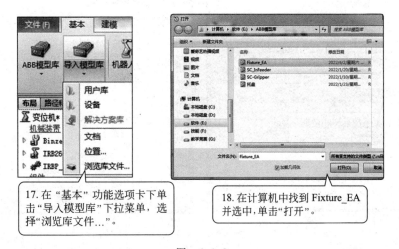

17. 在"基本"功能选项卡下单击"导入模型库"下拉菜单,选择"浏览库文件…"。

18. 在计算机中找到 Fixture_EA 并选中,单击"打开"。

图 6.1.8

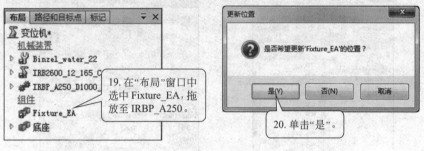

图 6.1.9

任务6.2 创建工业机器人系统

任务实施

创建工业机器人系统的操作步骤如图6.2.1~图6.2.3所示。

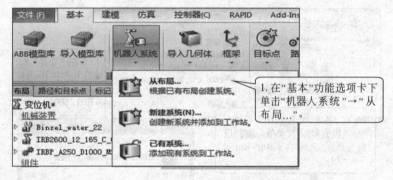

图 6.2.1

图 6.2.2

 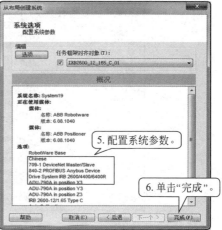

图 6.2.3

任务6.3 创建运动轨迹

任务实施

在带变位机的工业机器人系统中示教目标点时,需要保证变位机是激活状态,才可以同时将变位机的数据记录下来。激活变位机的操作步骤如图 6.3.1 所示。

6.3 微课 2:带变位机的机器人系统创建与应用

图 6.3.1

示教目标点的操作步骤如图 6.3.2~图 6.3.13 所示。

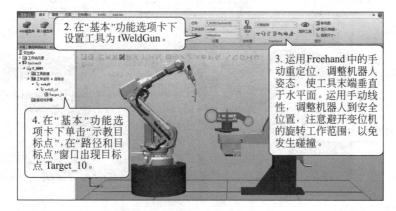

图 6.3.2

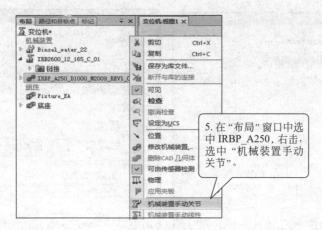

图 6.3.3

图 6.3.4

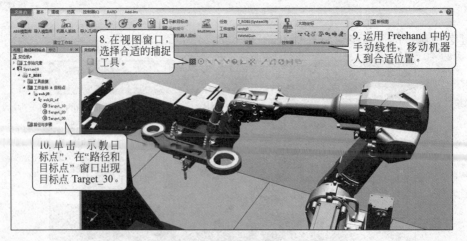

图 6.3.5

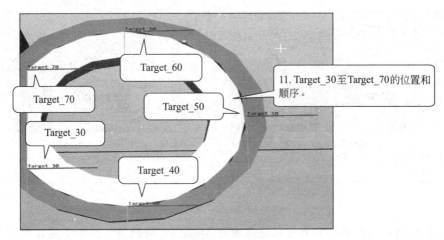

图 6.3.6

示教目标点完成后,先将工业机器人跳转回目标点 Target_10,然后创建运动轨迹。操作步骤如图 6.3.7 所示。

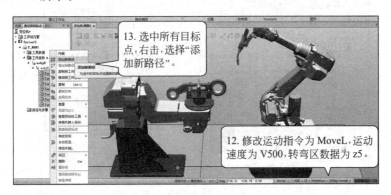

图 6.3.7

接下来完善路径。在 MoveL Target_70 语句后,依次添加 MoveL Target_30、MoveL Target_20、MoveL Target_10 语句。操作步骤如图 6.3.8 所示。

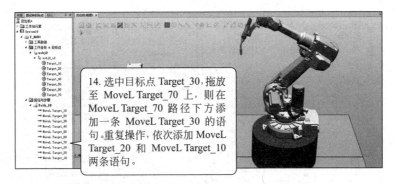

图 6.3.8

因焊接的运动轨迹是圆弧,根据实际情况需要将 MoveL 指令转换成 MoveC 指令。操作步骤如图 6.3.9 所示。

15. 同时选中 MoveL Target_40 和 MoveL Target_50，右击，选择"转换为 MoveC"。

16. 同时选中 MoveL Target_60 和 MoveL Target_70，右击，选择"转换为 MoveC"。

图　6.3.9

　　将焊接轨迹前后的接近和离开运动修改为 MoveJ 运动类型。操作步骤如图 6.3.10 和图 6.3.11 所示。

17. 选中第一条和第二条运动指令，右击，选择"编辑指令"，将运动类型修改为 MoveJ。

18. Target_30 是工件表面轨迹的起点也是终点，需要将转弯半径设置为 fine。选中第三条运动指令，右击，选择"编辑指令"，修改转弯半径为 fine。

图　6.3.10

19. Target_70 是工件表面圆弧轨迹的终点，选中第五条运动指令，右击，选择"编辑指令"，修改转弯半径为 fine。

20. 选中最后一条运动指令，右击，选择"编辑指令"，将运动类型修改为 MoveJ。

图　6.3.11

此外,还需要添加外轴控制指令 ActUnit 和 DeactUnit,控制变位机的激活与失效。操作步骤如图 6.1.12 和图 6.1.13 所示。

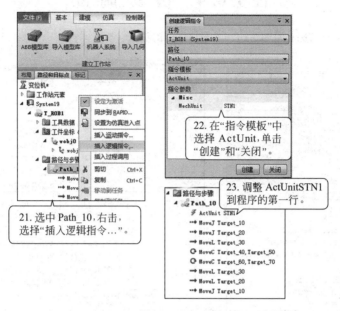

图 6.3.12

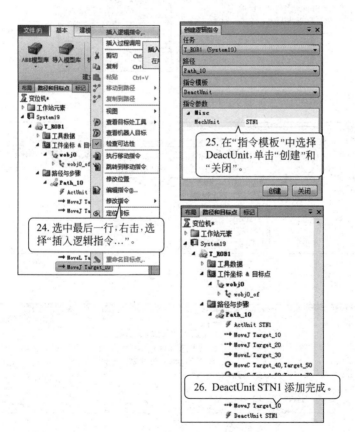

图 6.3.13

任务6.4 仿 真 调 试

仿真调试的操作步骤如图 6.4.1～图 6.4.8 所示。

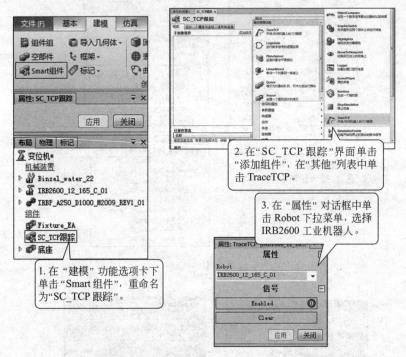

图 6.4.1

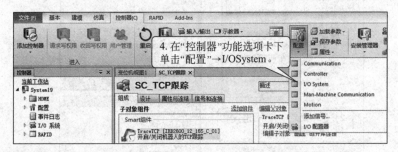

图 6.4.2

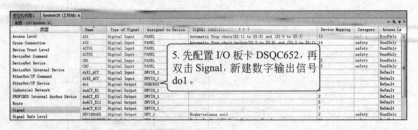

图 6.4.3

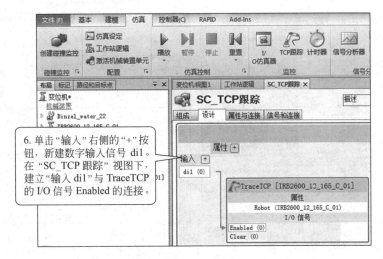

6. 单击"输入"右侧的"+"按钮，新建数字输入信号 di1。在 "SC_TCP跟踪" 视图下，建立"输入 di1"与 TraceTCP 的 I/O 信号 Enabled 的连接。

图　6.4.4

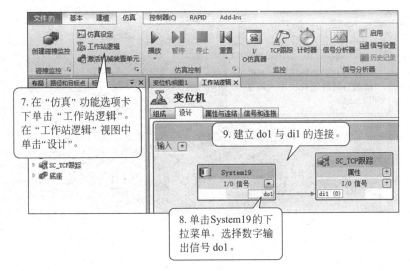

7. 在 "仿真" 功能选项卡下单击 "工作站逻辑"。在 "工作站逻辑" 视图中单击"设计"。

9. 建立 do1 与 di1 的连接。

8. 单击System19的下拉菜单，选择数字输出信号 do1。

图　6.4.5

10. 在 Path_10 中的合适位置插入 Set do1 和 Reset do1。

图　6.4.6

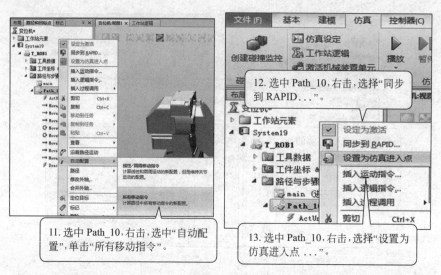

11. 选中 Path_10,右击,选中"自动配置",单击"所有移动指令"。

12. 选中 Path_10,右击,选择"同步到 RAPID..."。

13. 选中 Path_10,右击,选择"设置为仿真进入点 ..."。

图 6.4.7

14. 在"仿真"功能选项卡下单击"播放",观察工业机器人与变位机的运动。

图 6.4.8

练习题

判断题

（1）在示教目标点时,不需要激活变位机。（　　）

（2）变位机属于机械装置。（　　）

（3）在"仿真"功能选项卡下,单击"激活机械装置单元",勾选 STN1,这样在示教目标点时就可以同时记录变位机的关节数据。（　　）

项 目 拓 展

在所学知识的基础上,增加如图 6.4.9 所示的焊接位置,尝试编写工业机器人程序并调试运行。

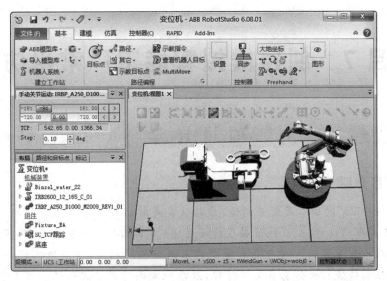

图 6.4.9

项 目 评 价

技能学习自我检测评分表如下表。

任 务	评 分 标 准	分值	得分情况
创建带变位机的工作站	1. 能够正确导入工业机器人、变位机、焊枪、工件并正确布局工作站	20	
	2. 能够正确创建带变位机的工业机器人系统	10	
	3. 能够准确示教目标点	20	
	4. 能够合理规划工业机器人的运动轨迹	20	
	5. 能够正确创建 SC_TCP 跟踪	10	
	6. 能够正确设计工作站逻辑	10	
	7. 能够正确调试工作站	10	

项目7　创建虚拟智能工厂常用仿真

项目导学

项目介绍

"中国制造2025"的核心是智能制造,虚拟仿真是智能制造生产线设计的关键技术,可应用于智能车间布局设计、生产线节拍设计与优化、工业机器人运动仿真、路径规划与离线编程、工业流程控制等方面。对产品和资源的三维数据的利用,使制造工程师能在其中重用、创建和验证制造流程来仿真真实的过程,以虚拟方式对制造流程进行事先验证,实现优化生产周期和节拍,大大减少现场调试的工作量,最大限度地缩短调试时间。本项目就来介绍创建数控机床上下料工作站时,常用的动画效果的仿真设计方法。

学习内容

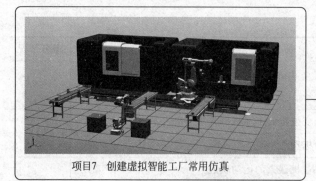

项目7　创建虚拟智能工厂常用仿真

- 任务7.1　创建数控机床动态自动门
- 任务7.2　创建AGV小车沿轨迹移动
- 任务7.3　创建视觉效果
- 任务7.4　添加与使用"设备建立"插件

轮毂加工动画

轮毂装配动画

木板打钉组件动画

展示架装配组装动画

学习目标

知识目标

1. 能够理解并复述用 Smart 创建组件 AGV 小车沿轨迹移动动态效果所需添加子组件的种类,及其属性设置的方法和步骤;

2. 能够理解并复述仿真所用到的 MoveAlongCurve 子组件的作用;

3. 能够理解并复述视觉 Smart 组件设计选项卡中属性和信号连接的设计逻辑;

4. 能够复述在 Add-Ins 功能选项下的"社区"中找到相应插件并添加插件的方法;

5. 能够复述"设备建立"插件工具的使用方法。

能力目标

1. 能够正确创建数控机床动态自动门；

2. 能够正确创建 AGV 小车沿轨迹移动动态效果；

3. 能够实现视觉效果；

4. 能够正确使用"设备建立"插件工具，按照需要的尺寸、类型、颜色，创建围栏、输送链、托盘及吸盘型工具。

素质目标

1. 专注认真的学习态度；

2. 精益求精的工匠精神；

3. 严谨的逻辑思维能力；

4. 勇于探索创新应用的能力；

5. 将项目进行任务分解的工程思维模式。

任务7.1　创建数控机床动态自动门

7.1 微课数控
机床自动门

任务描述

随着产业的智能升级改造，制造业中使用工业机器人给数控机床上下料得到广泛应用。数控机床动态自动门的动画仿真效果如何实现是本任务要学习的内容。

知识学习

三维模型导入仿真软件后，根据需要应先将用到的部件从组件中拆分出来后，才能用于创建机械装置用。

任务实施

7.1.1　拆分模型

数控机床模型导入后，首先断开与库的连接，然后将用到的部件从数控机床组件中拆分出来。操作步骤如图 7.1.1 和图 7.1.2 所示。

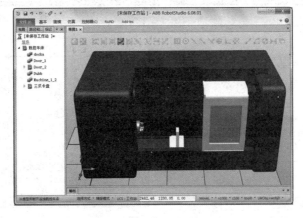

图　7.1.1

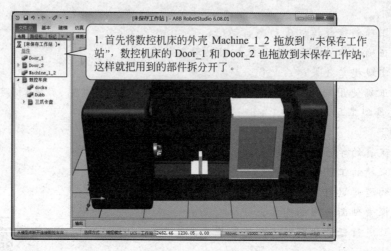

图　7.1.2

7.1.2　创建数控机床动态自动门机械装置

下面来创建数控机床动态自动门机械装置。操作步骤如图 7.1.3～图 7.1.7 所示。

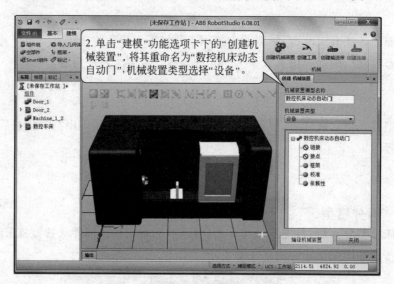

图　7.1.3

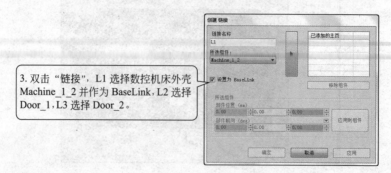

图　7.1.4

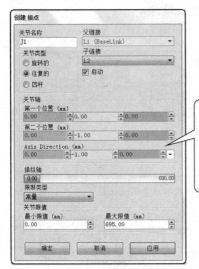

4. 双击"接点",J1 选择"往复的"。因为数控机床的两扇门都是沿着 *Y* 轴的负方向移动,在 Axis-Direction 下的第二个数据框输入 −1。输入关节最小限值为 0,最大限值为 695。拖动"操纵轴"检查没有问题,单击"应用"。

图 7.1.5

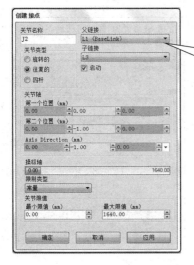

5. "J2"同样选择"往复的"。
注意:父链接仍然为 L1。在 Axis Direction 下的第二个数据框输入 −1。关节最小限值为 0,最大限值为 1640。同样拖动"操纵轴"检查没有问题,单击"确定"。

图 7.1.6

6. 双击"编译机械装置",添加两个姿态,分别为"闭合"和"打开"。

图 7.1.7

7.1.3　创建数控机床动态自动门动态效果

下面创建 Smart 组件,操作步骤如图 7.1.8~图 7.1.10 所示。

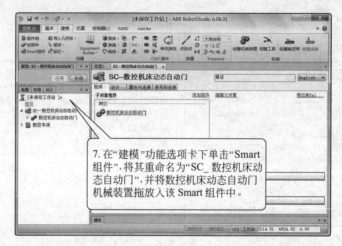

7. 在"建模"功能选项卡下单击"Smart组件",将其重命名为"SC_ 数控机床动态自动门",并将数控机床动态自动门机械装置拖放入该 Smart 组件中。

图　7.1.8

8. 添加两个 PoseMover 子组件。选择移动的机械装置为"数控机床动态自动门",姿态分别为"闭合"和"打开",时间设均为 3.0s,单击"应用"。

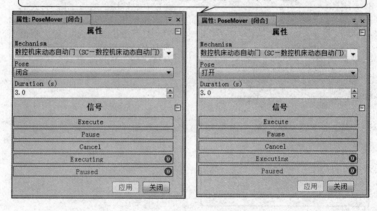

图　7.1.9

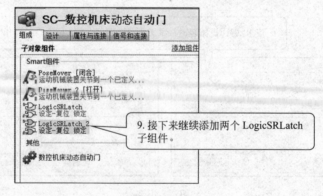

9. 接下来继续添加两个 LogicSRLatch 子组件。

图　7.1.10

在 Smart 组件编辑窗口的"设计"选项卡中,设计属性和信号的连接,如图 7.1.11～图 7.1.13 所示。

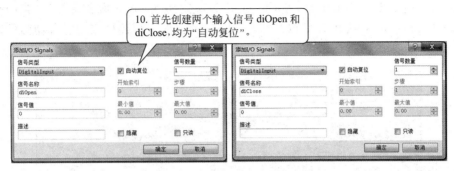

图 7.1.11

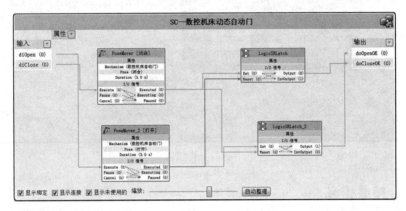

图 7.1.12

组件信号之间的连接如图 7.1.13 所示。

图 7.1.13

7.1.4 仿真验证

打开"仿真"功能选项卡,单击"I/O 仿真器"→"播放"→diClose,门自动关闭;再单击 diOpen,门自动打开。当门闭合时 doCloseOK 为"1",doOpenOK 复位为"0"。当门打开时 doOpenOK 为"1",doCloseOK 复位为"0"。这样,就完成了数控机床动态自动门的动画仿真效果设置,如图 7.1.14 所示。

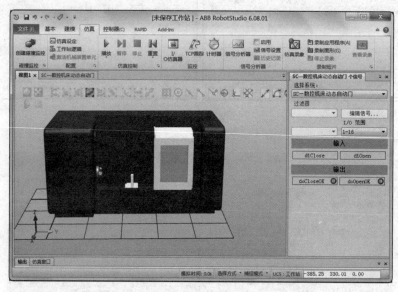

图　7.1.14

7.1.5 拓展练习

本任务学习了单开门数控机床动态自动门的设计,在实际应用中数控机床还有双开门的,如图 7.1.15 所示。双开门的自动门该如何设计呢?

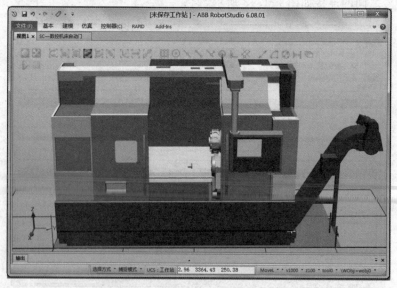

图　7.1.15

练习题

判断题

（1）可以把数控机床的门创建成机械装置，实现自动开合动作，此时要设定机械装置类型为"设备"。（   ）

（2）PoseMover 的功能是运动装置机械关节移到一个已定义的姿态。（   ）

（3）Smart 输入信号可以根据实际需要选择自动复位型或者非自动复位型。（   ）

任务7.2 创建 AGV 小车沿轨迹移动

AGV 小车移动
效果动画

任务描述

在制造业的生产线上，AGV 小车可以高效、准确、灵活地完成物料搬运任务，在辅助生产加工领域得到广泛的应用。本任务就来学习如何创建 AGV 小车按照指定轨迹运动的动画仿真效果，如图 7.2.1 所示。

7.2 微课 AGV
小车沿轨迹移动

图 7.2.1

知识学习

（1）任务中用到 MoveAlongCurve 子组件的属性及信号说明，可以在软件中查询 Smart 组件的详细功能说明。

（2）专业英语如表 7.2.1 所示。

表 7.2.1

序号	英　　文	中　　文	序号	英　　文	中　　文
1	WirePart	移动所沿线	4	Pause	暂停
2	Keep	保持	5	Cancel	取消
3	Orientation	方向			

任务实施

7.2.1　创建几何曲线

导入 AGV 模型后,断开与库的连接。在"建模"功能选项卡的"曲线"下,选择"用样条插补",根据 AGV 实际需要移动的距离和方向,在地板上选择合适的位置,创建出光滑的几何曲线,将其重命名为"曲线",如图 7.2.2 所示。

图　7.2.2

7.2.2　创建沿几何曲线移动对象

创建 Smart 组件,将 Smart 组件重命名为 SC_AGV,并将"AGV 小车模型"和"曲线模型"拖放入 Smart 组件中,下面来添加子组件。操作步骤如图 7.2.3 和图 7.2.4 所示。

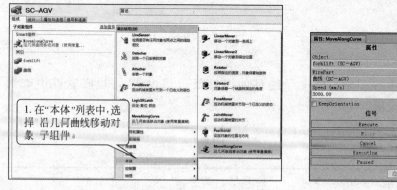

1. 在"本体"列表中,选择"沿几何曲线移动对象"子组件。

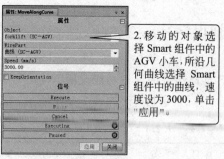

2. 移动的对象选择 Smart 组件中的 AGV 小车,所沿几何曲线选择 Smart 组件中的曲线,速度设为 3000,单击"应用"。

图　7.2.3　　　　　　　　　　　　　　图　7.2.4

调整 AGV 小车的方向,在"布局"窗口,右击"AGV 模型",在下拉菜单中选择"位置"下的"旋转",选择绕 Z 轴旋转 180°,单击"应用"。再通过 Freehand 下的"手动移动",将"AGV

小车模型"移动到沿几何曲线运动的起点位置,在 Smart 组件编辑窗口的"设计"选项卡中,设计属性和信号的连接。操作步骤如图 7.2.5 所示。

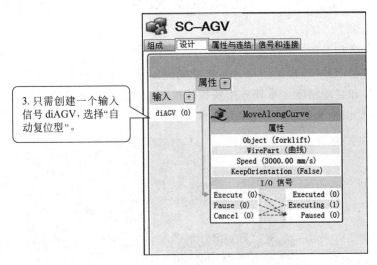

图 7.2.5

7.2.3 仿真验证

打开"仿真"功能选项卡,单击"I/O 仿真器"→"播放"→diAGV,AGV 小车执行沿几何曲线移动,如图 7.2.6 所示。

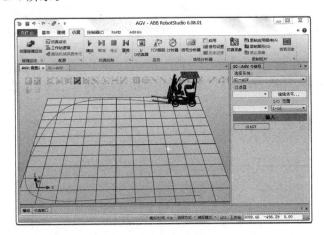

图 7.2.6

7.2.4 拓展练习

要保持 AGV 小车的移动方向不变,MoveAlongCurve 子组件的属性该如何设置呢?

练习题

判断题

(1) 要想物体沿曲线运动,一定要有一个可移动的物体和曲线。( )

(2) 单击"建模"功能选项卡下的"曲线",选择"样条插补"可以创建光滑的曲线。( )

(3) "本体"列表中的 MoveAlongCurve 子组件能够实现对象沿几何曲线移动功能。( )

任务7.3　创建视觉效果

视觉效果动画

任务描述

　　在智能制造生产线中,常采用视觉系统准确识别样式及进行精确定位,以提高生产柔性和装配精度。本任务用圆锥体模拟视觉范围,通过显示和隐藏圆锥体的方法,实现虚拟视觉识别及定位过程,如图7.3.1所示。

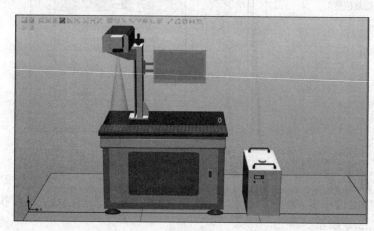

图　7.3.1

7.3 微课视觉
效果

知识学习

　　(1) Show 子组件、Hide 子组件以及 LogicSplit 的属性和信号,可在软件中查询 Smart组件的详细功能说明。

　　(2) 专业英语如表7.3.1所示。

表　7.3.1

序　号	英　文	中　文	序　号	英　文	中　文
1	Show	显示	5	High	高的
2	Hide	隐藏	6	Low	低的
3	Logic	逻辑	7	Pulse	脉冲
4	Split	分配			

任务实施

7.3.1　创建 Smart 组件,添加子组件

　　从库文件中导入视觉模型,调整视图角度,创建一个圆锥体,操作步骤如图 7.3.2 和图 7.3.3 所示。

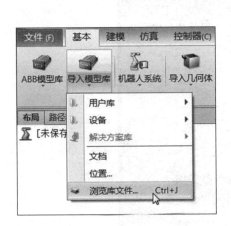

图　7.3.2

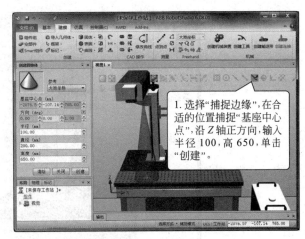

图　7.3.3

把圆锥体摆放到视觉正下方，操作步骤如图 7.3.4～图 7.3.6 所示。

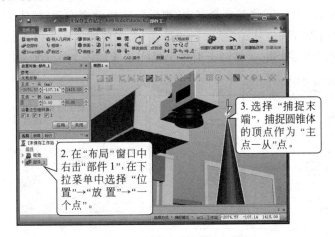

图　7.3.4

图　7.3.5

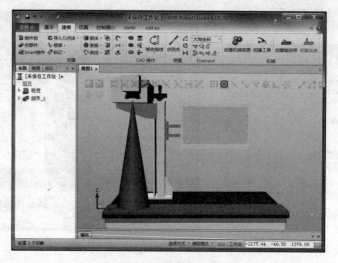

图 7.3.6

创建一个 Smart 组件,并将其重命名为"视觉",将视觉模型和"部件 1"拖放入 Smart 组件中。接下来,通过设置圆锥体的"显示"和"隐藏"来实现虚拟视觉效果。

添加"动作"列表中的 Show 显示子组件。操作步骤如图 7.3.7 所示。

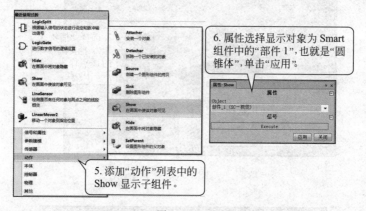

图 7.3.7

再来添加"动作"列表中的 Hide 隐藏子组件。操作步骤如图 7.3.8 所示。

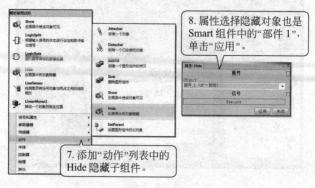

图 7.3.8

因为需要视觉效果显示 2s,所以需要再添加一个数字信号逻辑运算子组件 LogicGate。操作步骤如图 7.3.9 所示。

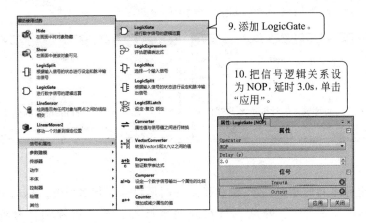

图　7.3.9

视觉效果完成以后,需要对外产生脉冲输出信号,因此,还需要添加对外产生输出脉冲信号的 LogicSplit 子组件。操作步骤如图 7.3.10 所示。

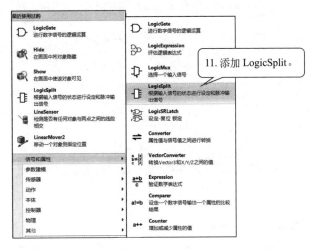

图　7.3.10

用到的所有子组件添加完毕。如图 7.3.11 所示。

图　7.3.11

7.3.2 设计属性和信号的连接

在 Smart 组件编辑窗口的"设计"选项卡中,设计各子组件之间的属性和信号连接。创建输入信号 diStart、输出信号 doFinished,操作步骤如图 7.3.12 所示。

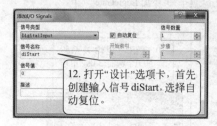

图 7.3.12

根据各子组件之间的逻辑关系,调整子组件图形符号的相对位置。启动执行显示,显示执行经过 2s 延迟执行隐藏,隐藏执行对外输出脉冲信号。属性和信号连接的设计如图 7.3.13 所示。

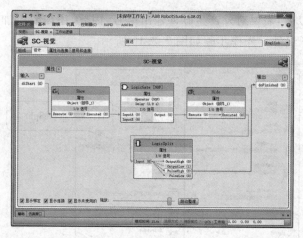

图 7.3.13

组件信号之间的连接如图 7.3.14 所示。

图 7.3.14

7.3.3 仿真验证

为了仿真更加逼真,在视图窗口下对"部件1"的颜色进行修改,操作步骤如图 7.3.15 所示。

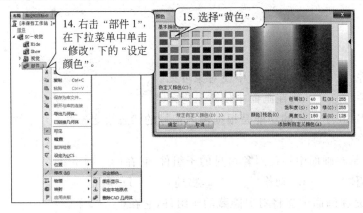

图 7.3.15

再对"部件1"的透明度进行修改,操作步骤如图 7.3.16 所示。

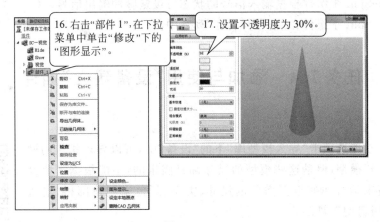

图 7.3.16

先将"部件1"设为"不可见",然后仿真运行。操作步骤如图 7.3.17 所示。

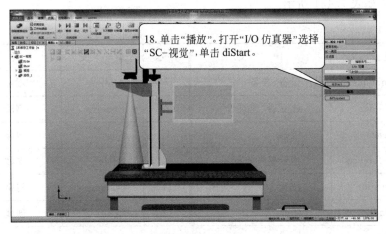

图 7.3.17

7.3.4 拓展练习

探索用其他方法设计各子组件之间的属性和信号连接实现视觉效果。

练习题

1. 填空题

（1）子组件_____可在画面中使对象可见。

（2）子组件_____可在画面中使对象隐藏。

（3）LogicSplit 子组件的功能是根据输入信号的状态设定_____信号。

2. 单选题

（1）Show 是在画面中能使对象可见的子组件，它在（　　）下。

    A. 本体   B. 动作   C. 物理   D. 其他

（2）Hide 是在画面中能将对象隐藏的子组件，它在（　　）下。

    A. 本体   B. 动作   C. 物理   D. 其他

3. 判断题

（1）LogicSplit 子组件根据输入信号的状态可设定脉冲输出信号。（　　）

（2）LogicSplit 子组件在"信号和属性"列表中。（　　）

任务7.4　添加与使用"设备建立"插件

任务描述

在"基本"功能选项卡"导入模型库"下的"设备"中，可以导入相应的输送带、托盘、围栏模型，但是这些模型的尺寸都是固定的，不能根据需要设置。本任务就来学习如何根据需要的尺寸、类型、颜色来创建围栏、输送带、托盘以及吸盘型工具。

7.4 微课围栏、
输送带、托盘、
吸盘工具

知识学习

专业英语如表 7.4.1 所示。

表 7.4.1

序号	英　文	中　文	序号	英　文	中　文
1	Equipment	设备、装备	7	Add	添加
2	Builder	建立者、建筑者	8	Remove	删除
3	Fence	围栏	9	Clear	清除
4	Reference	指定参考坐标系	10	Pillar	支柱
5	Position	位置	11	Distance	间距
6	Modify	修改	12	Create	创建

续表

序号	英　文	中　文	序号	英　文	中　文
13	Conveyor	输送带	18	Pallet	托盘
14	Roller	滚筒、轧辊	19	Vacuum	真空的
15	Diameter	直径	20	Flange	法兰盘
16	Offset	偏移	21	Beam	梁
17	Chain	链条	22	Frame	框架

任务实施

7.4.1　添加"设备建立"插件

当计算机联网后，在 Add-Ins 功能选项下的 RobotApps 中选中 Equipment Builder 6.04 插件，单击右侧"添加"，在弹出的窗口中单击"接受"。将软件重启，在"建模"功能选项卡下就有 Equipment Builder 工具，通过该工具，可以按照需要的尺寸、类型、颜色，创建围栏、输送带、托盘以及吸盘型工具。操作步骤如图 7.4.1 和图 7.4.2 所示。

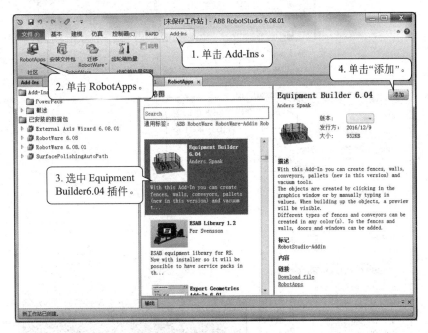

图　7.4.1

图　7.4.2

7.4.2 "设备建立"插件的使用

操作步骤如图 7.4.3~图 7.4.7 所示。

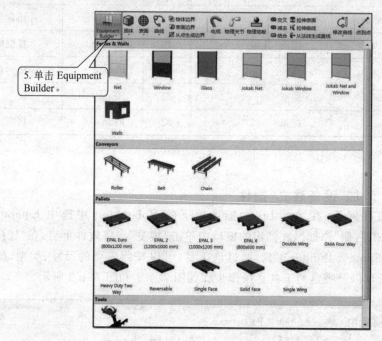

5. 单击 Equipment Builder。

图 7.4.3

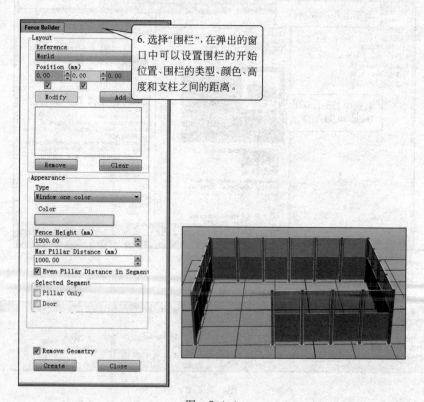

6. 选择"围栏",在弹出的窗口中可以设置围栏的开始位置、围栏的类型、颜色、高度和支柱之间的距离。

图 7.4.4

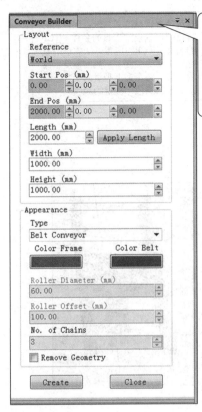

7. 选择"输送带"，在弹出的窗口中可以设置输送带的起始位置。通过改变输送带的结束位置，可以设置输送带的长度，改变输送带的宽度、输送带的高度、支架的颜色、链条的颜色、链条的个数，还可以选择输送带的类型。

图　7.4.5

8. 选择"托盘"，在弹出的窗口中可以设置托盘的位置、选择托盘的类型、设置托盘的颜色，也可以设置托盘的不同纹理，设置托盘的长度、托盘的宽度。

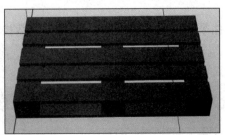

图　7.4.6

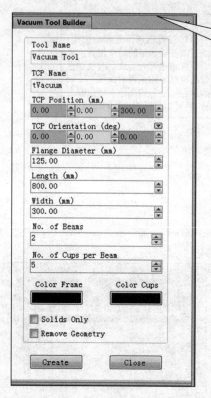

9. 选择"吸盘型工具"，在弹出的窗口中可以设置工具的名称、TCP的名称、TCP的位置、法兰盘的直径、工具的长度、工具的宽度、梁的个数、每个梁上吸盘的个数，以及框架的颜色、吸盘的颜色。

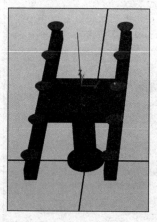

图　7.4.7

7.4.3　拓展练习

使用"设备建立"工具，按照需要的尺寸、类型、颜色创建围栏、输送带、托盘以及吸盘型工具。

练习题

填空题

当计算机联网后，在 Add-Ins 功能选项下的_____中可以找到_____插件。添加插件后，在建模功能选项卡下通过这个工具，可以按照需要的尺寸、类型、颜色创建_____、_____、_____以及_____。

项 目 拓 展

根据你个人目前掌握的技能，尝试创建数控机床上下料工作站，形式不限，可以带导轨、传送带等。

项 目 评 价

技能学习自我检测评分表如下。

任　　务	评 分 标 准	分值	得分情况
创建数控机床自动门	能够正确创建数控机床门自动开合动态效果	20	
创建 AGV 小车沿轨迹移动	能够正确创建 AGV 小车沿轨迹移动动态效果	25	
创建视觉效果	能够实现视觉效果	25	
添加与使用"设备建立"插件	能够正确使用"设备建立"插件工具,按照需要的尺寸、类型、颜色,创建围栏、输送带、托盘以及吸盘型工具	30	

项目 8　创建综合实训工作站常用仿真

项目导学

 项目介绍

本项目介绍创建如下图所示综合实训工作站时,常用到动画效果的仿真设计方法。

 学习内容

项目8　创建综合实训工作站常用仿真

- 任务8.1　创建多面体工具
- 任务8.2　创建动态定位气缸
- 任务8.3　创建动态料仓输送机构
- 任务8.4　创建零件装配效果

装配视频动画　　汽车挡风玻璃　　小轮搬运动画　　遥控器按键
　　　　　　　装配工作站动画　　　　　　　　　装配动画

 学习目标

知识目标

1. 能够理解并复述创建框架的方法和步骤;

2. 能够理解并复述创建多面体工具的方法和步骤;

3. 能够理解并复述创建定位气缸动态效果所需添加子组件的种类,及其属性设置的方法和步骤;

4. 能够理解并复述定位气缸 Smart 组件设计选项卡中属性和信号连接的设计逻辑;

5. 能够理解并复述创建料仓输送机构动态效果所需添加子组件的种类,及其属性设置的方法和步骤;

6. 能够理解并复述料仓输送机构 Smart 组件设计选项卡中属性和信号连接的设计逻辑;

7. 能够理解并复述实现零件装配动态效果所需添加子组件的种类,及其属性设置的方法和步骤;

8. 能够理解并复述零件装配 Smart 组件设计选项卡中属性和信号连接的设计逻辑;

9. 能够理解并复述实现视觉效果所需添加子组件的种类,及其属性设置的方法和步骤。

能力目标

1. 能够在不同位置选择合适的方法创建框架,并调整框架方向;
2. 能够正确创建多面体工具;
3. 能够正确创建定位气缸;
4. 能够正确创建料仓输送机构;
5. 能够实现零件装配效果。

素质目标

1. 专注认真的学习态度;
2. 精益求精的工匠精神;
3. 严谨的逻辑思维能力;
4. 勇于探索创新应用的能力;
5. 不断探索尝试接受新知识的职业素养;
6. 将项目进行任务分解的工程思维模式。

任务8.1　创建动态多面体工具

任务描述

在企业实际应用中,为了提高工业机器人的利用率,会给工业机器人安装多面体工具,本任务就来介绍如何创建如图8.1.1所示的多面体工具。

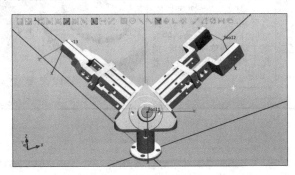

图　8.1.1

知识学习

多面体工具上的每个工具都要有工具坐标,因此在创建对应的框架时,框架应该位于每个工具末端的中心点,而且要保证框架的 Z 轴方向要与工具末端表面垂直。

任务实施

8.1.1　创建框架

从库文件中导入模型后,首先断开与库的连接,然后打开该组件,将所有部件从组件组中拖入"未保存工作站",删除空组件。操作步骤如图8.1.2所示。

8.1.1 微课
创建框架

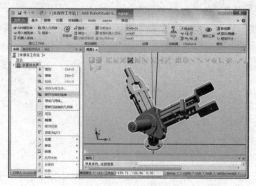
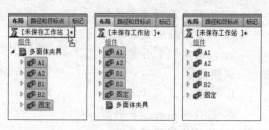

图 8.1.2

　　该多面体上有三个工具,需要创建三个框架,框架应该位于工具末端的中心点,而且要保证框架的 Z 轴方向与工具末端表面垂直。首先创建"框架_1",操作步骤如图 8.1.3~图 8.1.7 所示。

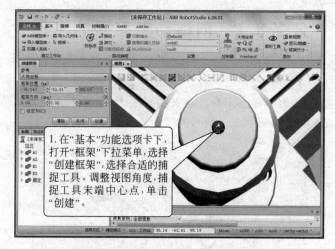

图 8.1.3

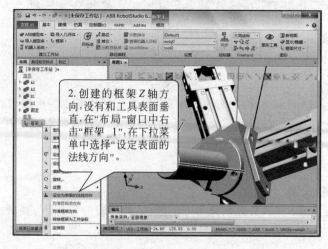

图 8.1.4

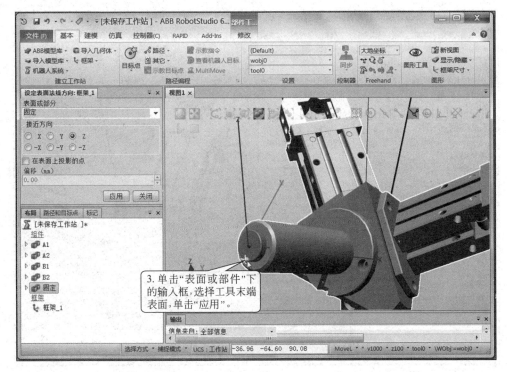

图 8.1.5

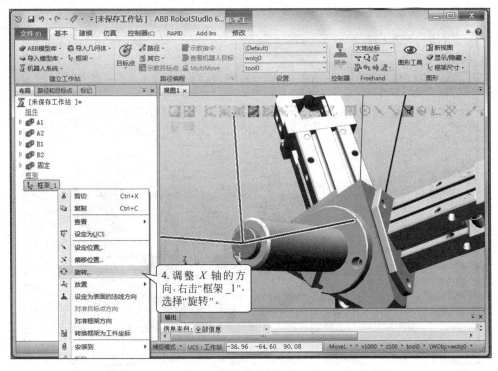

图 8.1.6

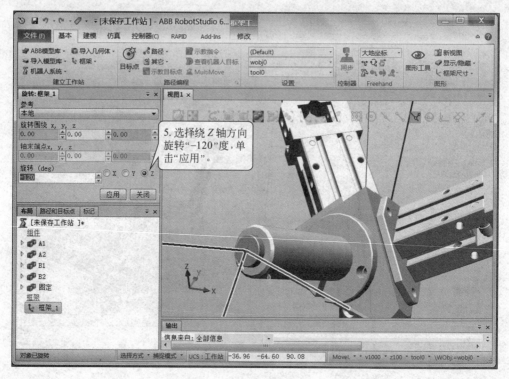

图 8.1.7

创建第二个框架,操作步骤如图 8.1.8~图 8.1.10 所示。

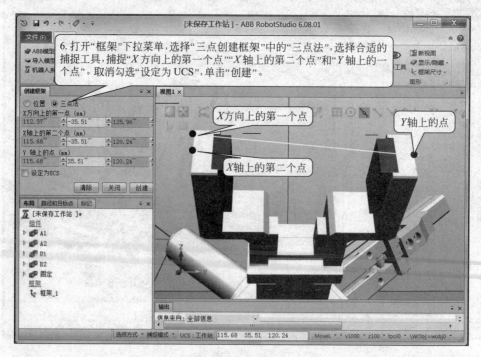

图 8.1.8

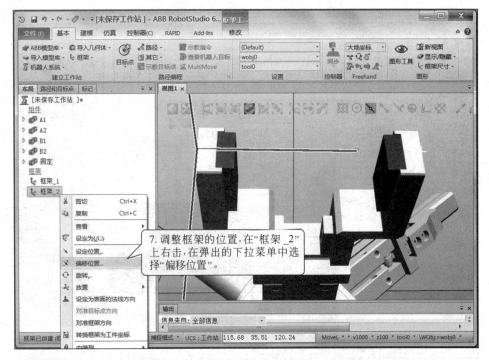

图 8.1.9

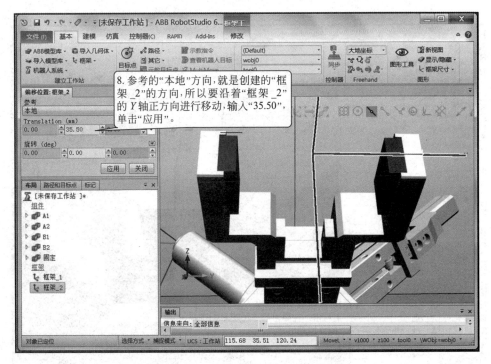

图 8.1.10

创建第三个框架,操作步骤如图 8.1.11～图 8.1.13 所示。

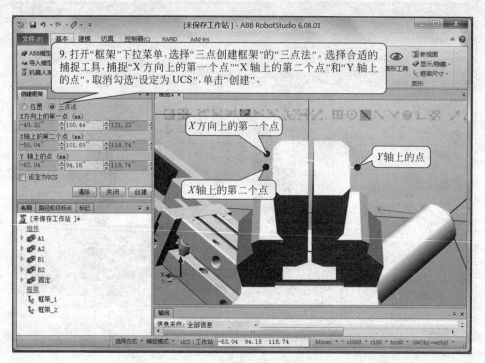

图 8.1.11

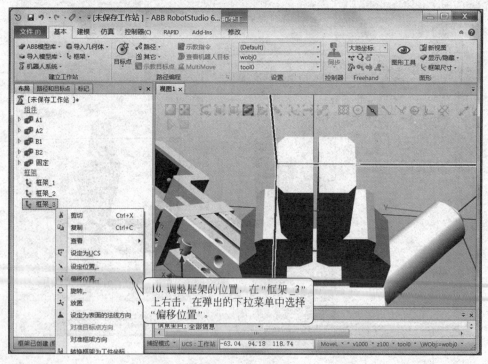

图 8.1.12

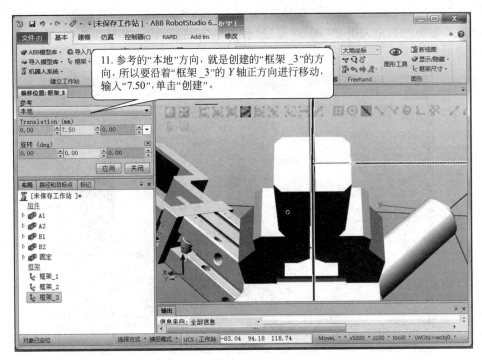

图 8.1.13

8.1.2 创建工具机械装置

双击"创建机械装置",命名为"多面体工具",选择机械装置类型为"工具",双击"链接",依次添加链接。操作步骤如图 8.1.14 和图 8.1.15 所示。

8.1.2 微课创建
工具机械装置

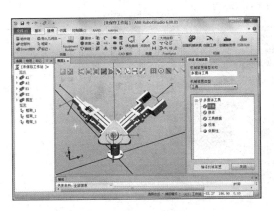

图 8.1.14

图 8.1.15

　　双击"接点",J1 的"关节类型"选择"往复的",调整视图角度。设置运动起点和方向,输入关节最小限值"1",最大限值"10"。拖动"操纵轴"检验运动设置是否正确,单击"应用"。操作步骤如图 8.1.16 所示。

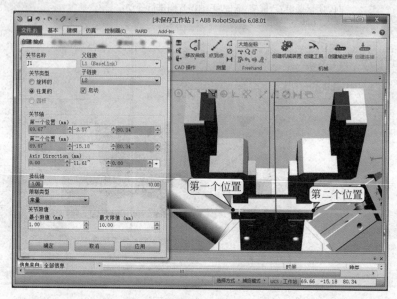

图　8.1.16

　　J2 的"关节类型"仍然选择"往复的",父链接选择 L1,设置运动起点和方向,同样输入关节最小限值"1",最大限值"10",拖动"操纵轴"检验运动设置是否正确,单击"应用"。操作步骤如图 8.1.17 所示。

图　8.1.17

　　调整视图角度,J3 的"关节类型"仍然选择"往复的",父链接选择 L1,设置运动起点和方向,输入关节最小限值"0",最大限值"3",拖动"操纵轴"检验运动设置是否正确,单击"应用"。操作步骤如图8.1.18所示。

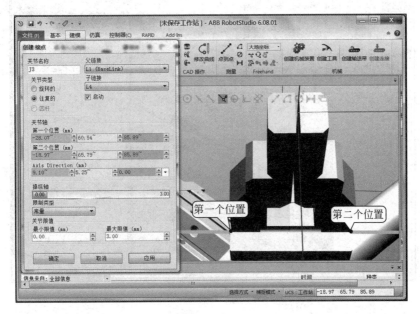

图　8.1.18

J4的"关节类型"仍然选择"往复的",父链接选择L1,设置运动起点和方向,同样输入关节最小限值"0",最大限值"3",拖动"操纵轴"检验运动设置是否正确,单击"确定"。操作步骤如图8.1.19所示。

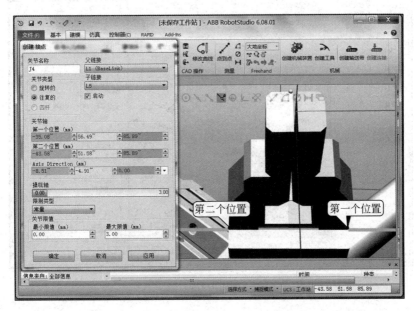

图　8.1.19

下面创建工具数据,双击"工具数据",工具名称命名为Tool1,属于链接L1,勾选"从框架中选择值",选择"框架_1","重心"输入任意数值,单击"确定",如图 8.1.20 所示。

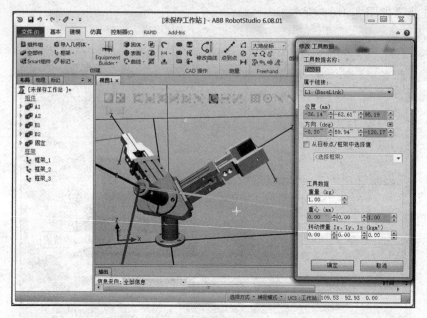

图 8.1.20

继续添加"工具数据",命名为 Tool2,仍然选择 L1,勾选"从框架中选择值",选择"框架_2","重心"输入任意数值,单击"确定"。操作步骤如图 8.1.21 所示。

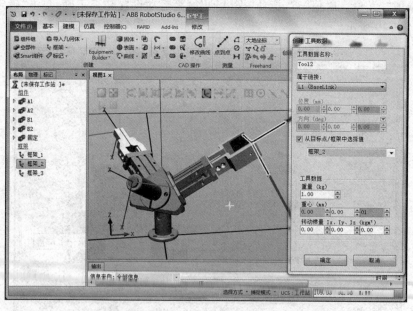

图 8.1.21

继续添加"工具数据",命名为 Tool3,仍然选择 L1,勾选"从框架中选择值",选择"框架_3","重心"输入任意数值,单击"确定"。操作步骤如图 8.1.22 所示。

双击"编译机械装置",单击"添加",姿态命名为"Tool2 打开",将关节值拖至"10",单击

"应用"。操作步骤如图 8.1.23 所示。

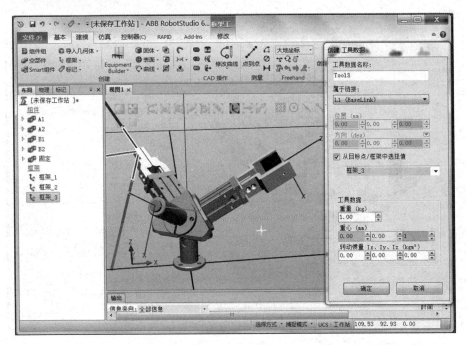

图 8.1.22

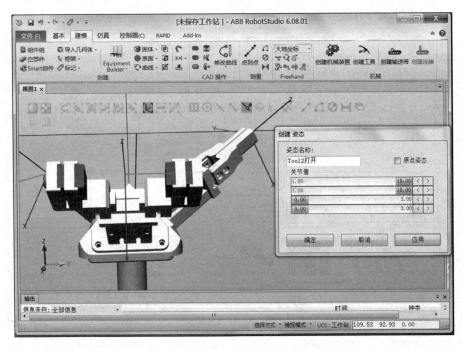

图 8.1.23

姿态命名为"Tool2 闭合",将关节值拖回"0",单击"应用"。操作步骤如图 8.1.24 所示。

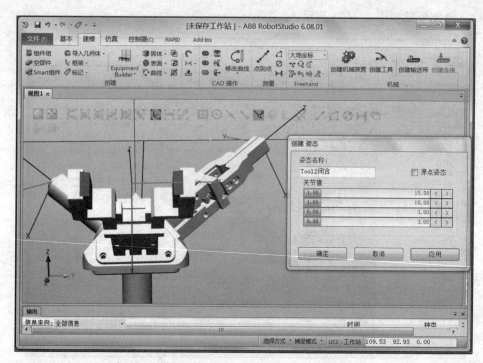

图 8.1.24

姿态命名为"Tool 3 打开",将关节值拖至"3",单击"应用"。操作步骤如图 8.1.25 所示。

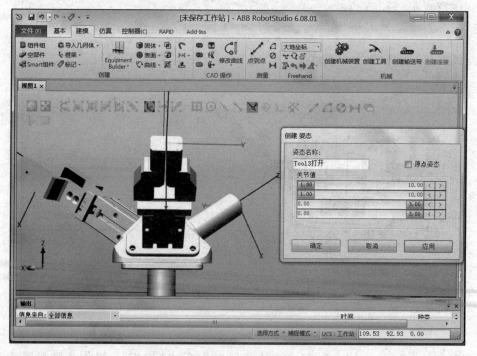

图 8.1.25

姿态命名为"Tool 3 闭合",将关节值拖回"0",单击"确定"。操作步骤如图 8.1.26 所示。

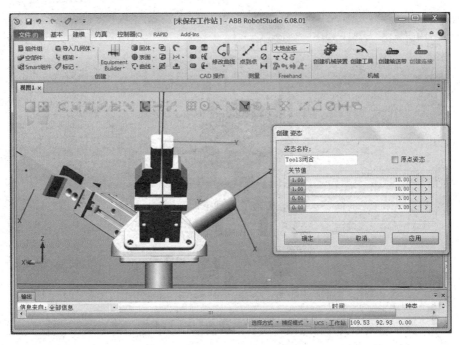

图 8.1.26

　　单击"设置转换时间",将所有"0"值改为"2",单击"确定"→"关闭",将三个框架删除。这样多面体工具机械装置就创建好了,可以手动拖动关节轴检查,并将其安装到机器人上验证。操作步骤如图 8.1.27 和图 8.1.28 所示。

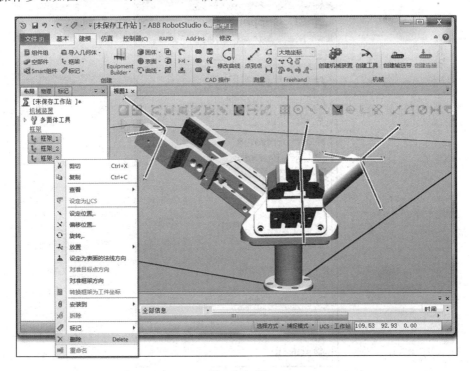

图 8.1.27

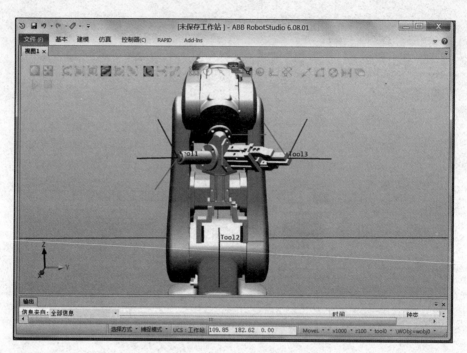

图 8.1.28

8.1.3 创建动态工具

创建 Smart 组件,依次添加子组件,如图 8.1.29 所示。

图 8.1.29

LineSensor 和 LineSensor_2 的安装位置如图 8.1.30 所示。

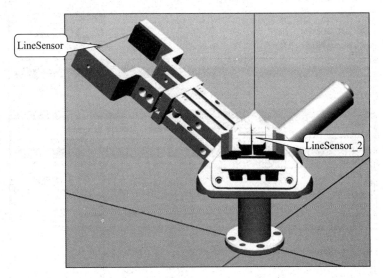

图 8.1.30

在 Smart 组件编辑窗口的"设计"选项卡中,设计各子组件之间的属性和信号连接,首先根据逻辑关系调整图形符号的位置,属性和信号连接的设计如图 8.1.31 所示。

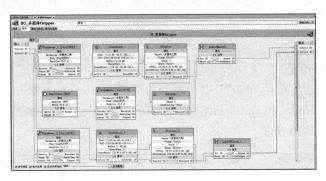

图 8.1.31

组件属性之间的连接如图 8.1.32 所示。

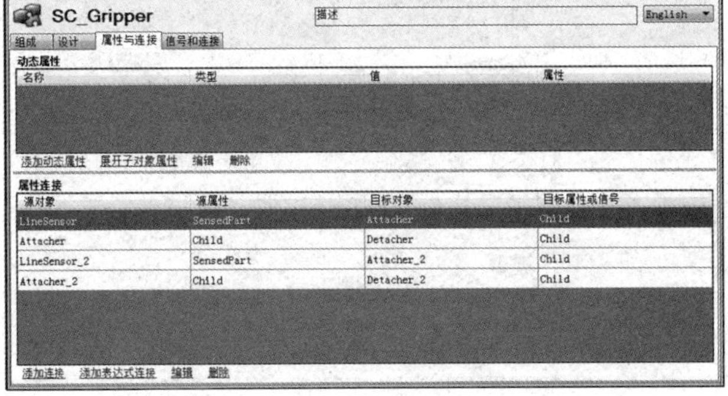

图 8.1.32

组件信号之间的连接如图 8.1.33 所示。

名称	信号类型	值
diTool2	DigitalInput	0
doTool2	DigitalOutput	0
diTool3	DigitalInput	0
doTool3	DigitalOutput	0

源对象	源信号	目标对象	目标信号或属性
SC_Gripper	diTool2	LineSensor	Active
LineSensor	SensorOut	Attacher	Execute
SC_Gripper	diTool2	LogicGate [NOT]	InputA
Attacher	Executed	LogicSRLatch	Set
LogicSRLatch	Output	SC_Gripper	doTool2
Detacher	Executed	LogicSRLatch	Reset
SC_Gripper	diTool2	PoseMover_2 [Tool2闭合]	Execute
LogicGate [NOT]	Output	PoseMover [Tool2打开]	Execute
PoseMover [Tool2打开]	Executed	Detacher	Execute
SC_Gripper	diTool3	PoseMover_3 [Tool3打开]	Execute
SC_Gripper	diTool3	LineSensor_2	Active
LineSensor_2	SensorOut	Attacher_2	Execute
SC_Gripper	diTool3	LogicGate_2 [NOT]	InputA
LogicGate_2 [NOT]	Output	PoseMover_4 [Tool3闭合]	Execute
PoseMover_4 [Tool3闭合]	Executed	Detacher_2	Execute
Detacher_2	Executed	LogicSRLatch_2	Reset
Attacher_2	Executed	LogicSRLatch_2	Set
LogicSRLatch_2	Output	SC_Gripper	doTool3

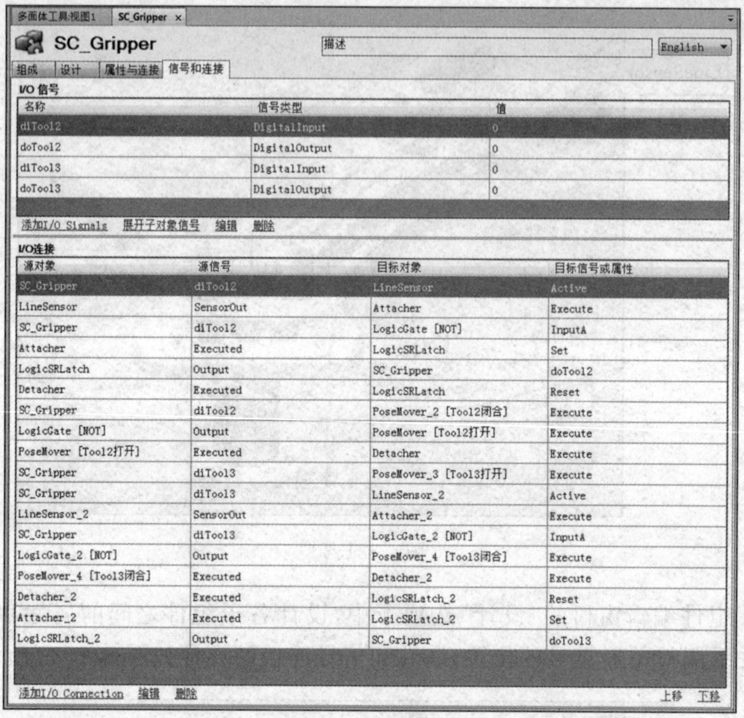

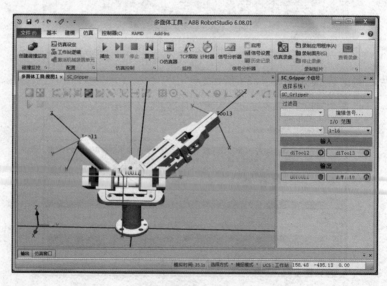

图 8.1.33

8.1.4 仿真验证

打开"仿真"功能选项卡,单击"I/O 仿真器",选择 SC-Gripper,单击"播放"→diTool2 和 diTool3,可以控制 Tool2 和 Tool3 的闭合和打开。这样,就完成了多面体工具的动画仿真效果设置。如图 8.1.34 所示。

图 8.1.34

练习题

判断题

（1）在"基本"功能选项卡下的"框架"下拉菜单,选择"创建框架"或"三点创建框架"都能创建工具框架。（　　）

（2）创建的框架应该位于工具末端的中心点,而且要保证框架的 Z 轴方向与工具末端表面垂直。（　　）

（3）要使创建的框架与工具表面垂直,可在"布局"窗口右击已创建的"框架",在下菜单中选择"设定表面的法线方向"的方法。（　　）

任务8.2　创建动态定位气缸

任务描述

在智能制造生产线中,为了保证装配精度,需要对装配零件进行定位,其中最常用到的定位装置就是定位气缸,本任务就来学习如何创建如图 8.2.1 所示的定位气缸。

8.2 微课定位
气缸

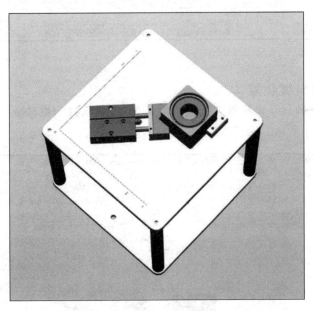

图　8.2.1

知识学习

三维模型导入仿真软件后,根据需要可以将用到的物体组成新的部件来用。

任务实施

8.2.1　拆分模型

导入三维模型以后,断开与库的连接,将用到的物体组成新的部件。单击"空部件",创建"部件1",打开三维模型,选中物体"缸体"将其拖放入"部件1"。然后创建一个空部件,选中物体"活塞杆"和物体"活塞头",将其拖放入"部件2"。将"部件1"重命名为"缸体","部件2"重命名为"活塞"。操作步骤如图8.2.2所示。

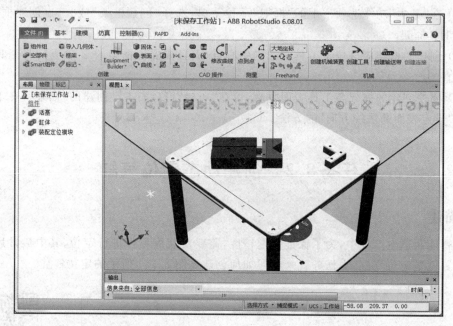

图 8.2.2

8.2.2 创建机械装置

单击"创建机械装置",将机械装置模型命名为"定位气缸",机械装置类型选择"设备"。操作步骤如图8.2.3所示。

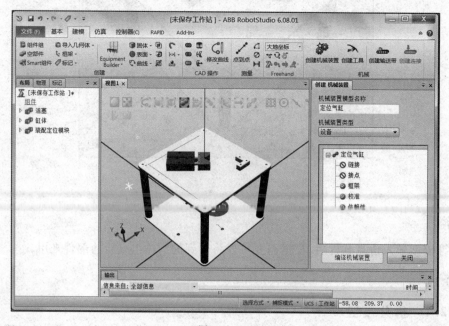

图 8.2.3

　　双击"链接",L1 选择"缸体"为 Baselink,单击"添加"→"应用"。L2 选择"活塞",单击
"添加"→"确定"。操作步骤如图 8.2.4 所示。

图　8.2.4

　　双击"节点",选择"往复的"。选择合适的捕捉工具,捕捉第一个点,作为活塞运动的起
点,第二个点决定活塞的运动方向。输入关节最小限值"0",最大限值"9"。拖动"操纵轴"检
查设置是否正确,单击"确定"。操作步骤如图 8.2.5 所示。

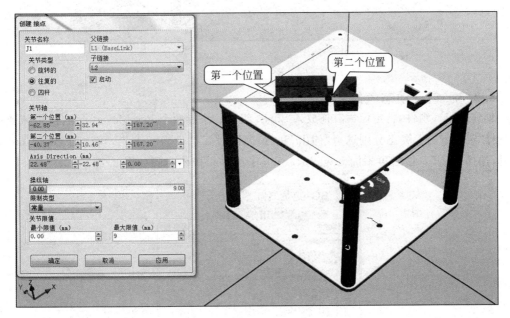

图　8.2.5

　　单击"编译机械装置",添加"姿态",将姿态名称命名为"伸出"。将关节值拖至"9",单击
"应用"。将姿态名称命名为"缩回",将关节值拖回"0",单击"确定"→"关闭"。操作步骤如
图 8.2.6 所示。

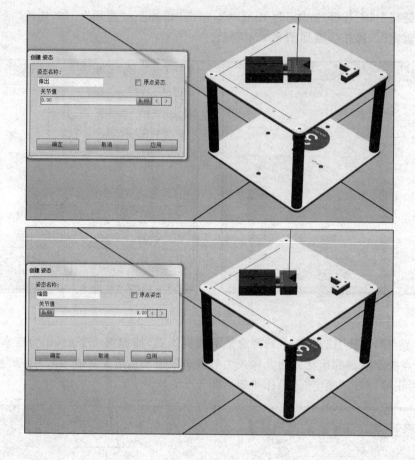

图 8.2.6

8.2.3 创建动态气缸

创建 Smart 组件，将定位气缸拖放入 Smart 组件。添加两个 PoseMover 子组件，机械装置都选择"定位气缸"，姿态分别选择"伸出"和"缩回"，时间都设为"2 秒"。再添加 LogicGate 子组件，选择 NOT。最后再添加 LogicSRLatch 子组件。操作步骤如图 8.2.7 所示。

图 8.2.7

在 Smart 组件编辑窗口的"设计"选项卡中，设计各子组件之间的属性和信号连接，首先根据逻辑关系调整图形符号的位置。创建输入信号 diStart，创建输出信号 doPos。当输入信号为"1"时，气缸伸出，气缸伸出输出信号置为"1"。当输入信号为"0"时，信号取反，气缸缩回，输出信号复为"0"。属性和信号连接的设计如图 8.2.8 所示。

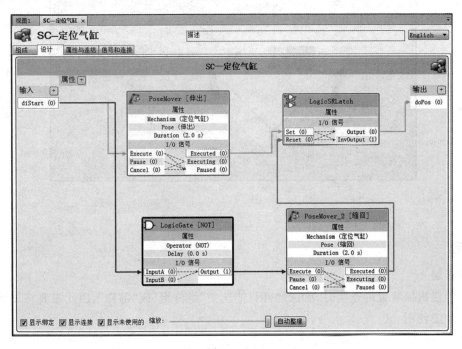

图 8.2.8

组件信号之间的连接如图 8.2.9 所示。

I/O 信号		
名称	信号类型	值
diStart	DigitalInput	0
doPos	DigitalGroupOutput	0

添加I/O Signals　展开子对象信号　编辑　删除

I/O连接			
源对象	源信号	目标对象	目标信号或属性
SC-定位气缸	diStart	PoseMover [伸出]	Execute
LogicSRLatch	Output	SC-定位气缸	doPos
SC-定位气缸	diStart	LogicGate [NOT]	InputA
PoseMover [伸出]	Executed	LogicSRLatch	Set
LogicGate [NOT]	Output	PoseMover_2 [缩回]	Execute
PoseMover_2 [缩回]	Executed	LogicSRLatch	Reset

图 8.2.9

8.2.4 仿真验证

打开"仿真"功能选项卡，单击"I/O 仿真器"，选择"SC-定位气缸"，单击"播放"→diStart 可以控制气缸的伸出和缩回，如图 8.2.10 所示。

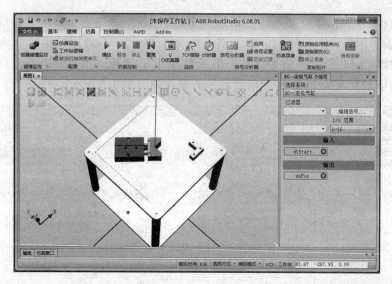

图 8.2.10

练习题

判断题

在创建机械装置的连接时,所选组件只能选中"组件组"或"部件",因此需要将三维模型拆分后才能使用。(   )

任务8.3   创建动态料仓输送机构

任务描述

在智能制造生产线中,料仓输送机构应用是非常广泛的,本任务就来学习创建如图 8.3.1 所示料仓输送机构动画仿真效果的方法。

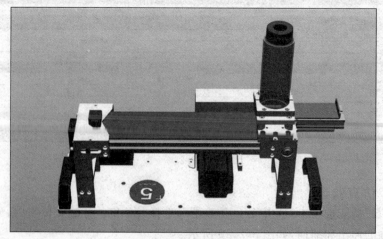

图   8.3.1

知识学习

复杂的动画仿真效果,多是由几个简单的动画仿真组合联动实现的,因此在设计时要有系统观念,应从全局出发考虑设计方案。

任务实施

8.3.1微课1:料仓输送机构

8.3.1　创建推送气缸机械装置

从库文件中导入模型后,首先断开与库的连接,打开"建模"功能选项卡下的"创建机械装置",将机械装置的名称命名为"推送气缸",机械装置的类型选择"设备"。操作步骤如图8.3.2所示。

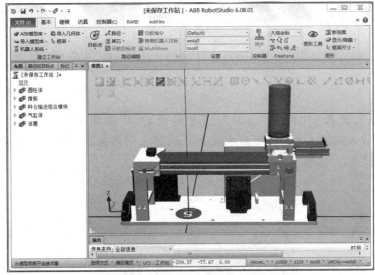

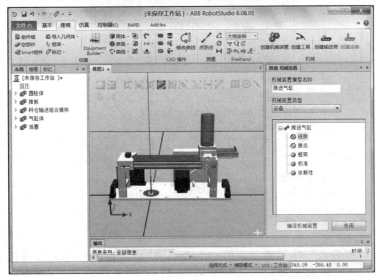

图　8.3.2

为方便操作,先将"圆柱体"和"料仓输送机构模块"设为"不可见",双击"链接",L1 选择"气缸",设为 Baselink,单击"添加"→"应用"。L2 选择"活塞",单击"添加"→"确定"。操作步骤如图 8.3.3 所示。

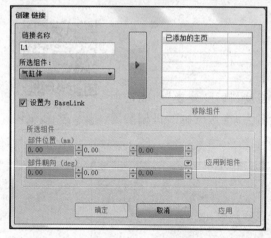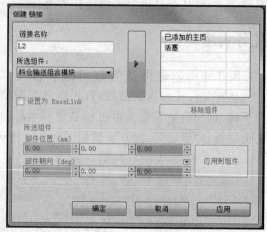

图 8.3.3

双击"接点",选择"往复的"。因为活塞是沿着 X 轴负方向移动的,所以在 Axis Direction 下方输入框输入 −1,设置最小限值为 0,最大限值为 30。拖动"操纵轴"检查设置是否正确,单击"确定"。操作步骤如图 8.3.4 所示。

图 8.3.4

单击"编译机械装置",添加姿态。第一个姿态为"活塞推出",将关节值拖至"30",单击"应用"。第二个姿态为"活塞缩回",将关节值拖回"0",单击"确定"→"关闭"。操作步骤如图 8.3.5 和图 8.3.6 所示。

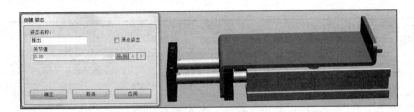

图 8.3.5

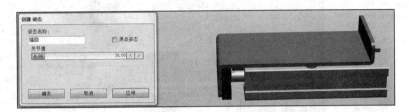

图 8.3.6

通过手动关节拖动活塞,可以看到只有活塞运动,上面的推板并没有
跟着活塞一起运动,所以还要把推板安装到活塞上。在"布局"窗口选择
"推板",将"推板"拖放到 L2 上。

提示:是否更新推板的位置? 单击"否"。再通过手动关节拖动活塞,
推板就会跟着活塞一起移动了。操作步骤如图 8.3.7 所示。

将"圆柱体"和"料仓输送机构模块"显示出来。因为需要圆柱体从料

图 8.3.7

仓顶部产生,并沿料仓下滑至料仓底部。所以要先设置圆柱体的位置,使
它位于料仓的顶部。在"布局"窗口中选中"圆柱体"右击,单击"位置"下的"偏移位置",在弹
出的窗口中的"位置"下输入框的 Z 值输入 125,单击"应用"。还需要修改圆柱体的"本地原
点",将所有值都改为 0。操作步骤如图 8.3.8~图 8.3.10 所示。

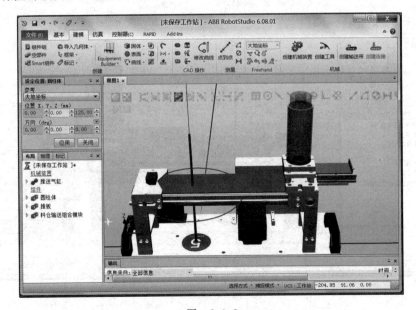

图 8.3.8

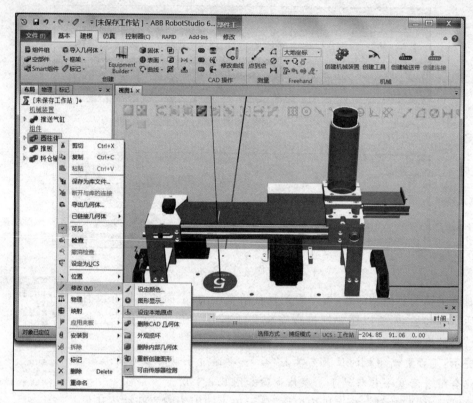

图 8.3.9

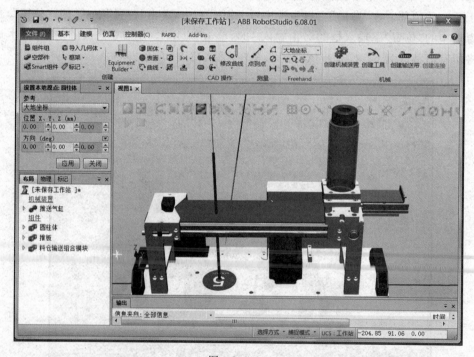

图 8.3.10

在创建料仓输送机构 Smart 组件中,需要设置多个传感器,因为 Smart 组件中的传感器一次只能检测到一个部件,所以要将除了圆柱体之外的所有部件设为"不可由传感器检测"。操作步骤如图 8.3.11 所示。

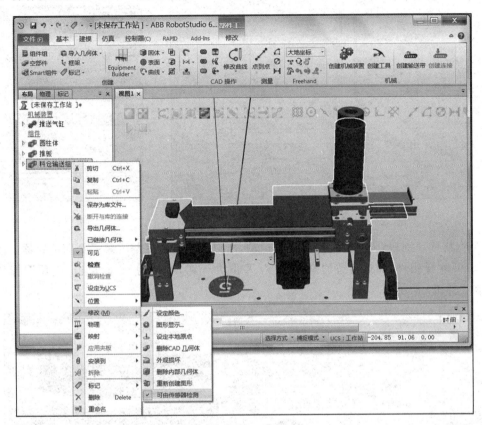

图　8.3.11

8.3.2　创建物料沿料仓下滑动态效果

创建了推送气缸后,接下来创建料仓顶部产生物料,物料沿料仓下滑至底部停止的动画仿真效果。

8.3.2 微课2:
料仓输送机构

创建 Smart 组件,将 Smart 组件重命名为"料仓推送机构",将"推送气缸"拖放入 Smart 组件,"圆柱体"也拖放入 Smart 组件中。操作步骤如图 8.3.12 所示。

因为需要"圆柱体"源源不断地从料仓顶部产生,并且下滑至料仓底部,所以首先要添加一个 Source 子组件产生"圆柱体"的复制,再添加一个 Queue 队列子组件。操作步骤如图 8.3.13 所示。

下面需要添加 LinearMover 移动对象到一条线上的子组件,移动的对象就是刚才创建的 Queue 队列,移动的方向是沿 Z 轴的负方向,移动速度200,单击"执行"→"应用"。操作步骤如图 8.3.14 所示。

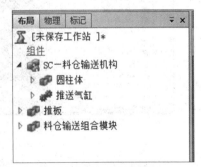

图　8.3.12

图 8.3.13   图 8.3.14

　　当物料移动到料仓底部时，需要停止运动，所以在料仓的底部安装一个面传感器。添加 PlaneSensor 子组件，捕捉合适的位置，输入 X 值为－30，Y 值为－45，单击"应用"，操作步骤如图 8.3.15 所示。

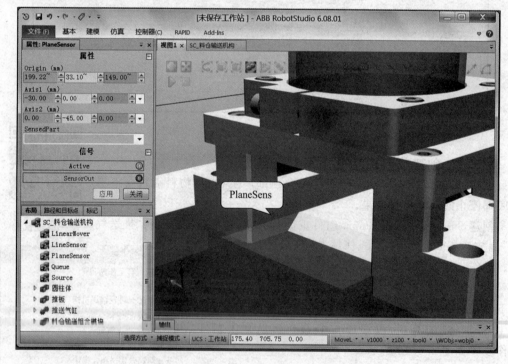

图 8.3.15

　　需要用到的 Smart 子组件就全部添加完了，如图 8.3.16 所示。
　　在 Smart 组件编辑窗口的"设计"选项卡中，设计各子组件之间的属性和信号连接。首先创建输入信号 diStart，当启动信号为"1"时，执行复制，复制的对象就是要进入队列的对象,执行进入队列。当传感器检测到物体时,检测到的物体就是要从队列剔除的对象。属性和信号连接的设计如图 8.3.17 所示。

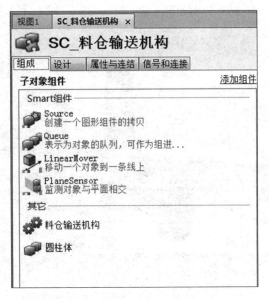

图　8.3.16

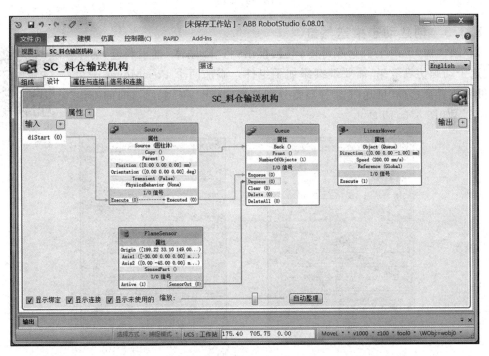

图　8.3.17

打开"仿真"功能选项卡,单击"I/O 仿真器",选择"SC_料仓输送机构",单击"播放"→diStart。操作步骤如图 8.3.18 所示。

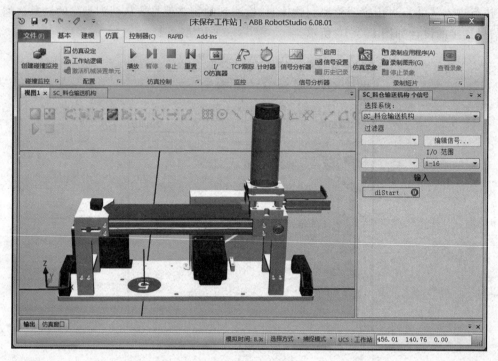

图 8.3.18

8.3.3 创建动态推送气缸

当"圆柱体"下滑至料仓底部时,气缸推出,将"圆柱体"推出料仓,为了实现这个动画仿真效果,需要继续添加子组件。添加两个 PoseMover 子组件,机械装置都选择"推送气缸",姿态分别选择"推出"和"缩回",时间都设为"2 秒",如图 8.3.19 所示。

8.3.3 微课 3:
料仓输送机构

图 8.3.19

只有将"圆柱体"安装到"推板"上,才能实现被气缸推出的效果,所以需要添加 Attacher 安装子组件。选择安装的"父对象"为"推板"。还需要添加 Detacher 拆除子组件。操作步骤如图 8.3.20 所示。

图 8.3.20

在 Smart 组件编辑窗口的"设计"选项卡中,设计各子组件之间的属性和信号连接。传感器检测到物体后执行安装;安装执行结束,气缸推出;气缸推出结束,执行拆除;拆除完成,执行气缸缩回。传感器检测到的对象就是要安装的对象,安装的对象也就是要拆除的对象。属性和信号连接的设计如图 8.3.21 所示。

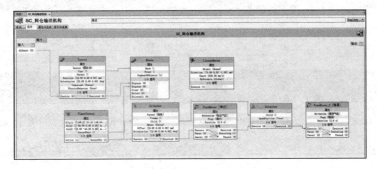

图 8.3.21

组件属性之间的连接如图 8.3.22 所示。

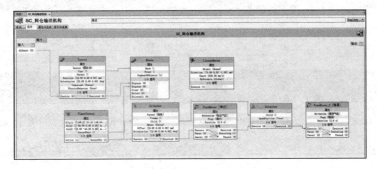

图 8.3.22

组件信号之间的连接如图 8.3.23 所示。

打开"仿真"功能选项卡,单击"I/O 仿真器",选择"SC_料仓输送机构",单击"播放"→diStart,进行仿真调试。

将视图放大,会发现料仓底部到输送带之间还有一段儿距离。当圆柱体被气缸推出以后,还需要有一个向斜下方移动的动画效果。接下来继续添加 LinearMover_2 移动一个对象到一条线上的子组件。移动的方向是斜下方,所以输入 X 值为 -1,Z 值为 -1,速度为 200,暂不执行。操作步骤如图 8.3.24 所示。

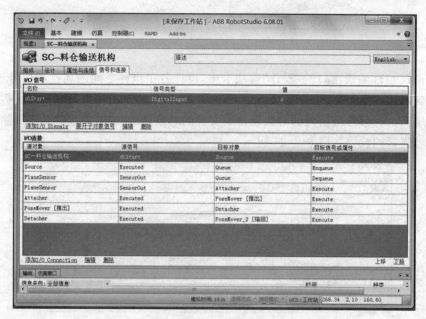

图　8.3.23

图　8.3.24

当物料运动到输送带上时就要停止运行,因此需要在输送带上安装一个平面传感器。PlaneSensor_2 子组件,放大视图,捕捉合适的位置,输入 X 值为 -20,Y 值为 -70。接下来还需要添加 LogicSRLatch 子组件。操作步骤如图 8.3.25 和图 8.3.26 所示。

在 Smart 组件编辑窗口的"设计"选项卡中,设计各子组件之间的属性和信号连接。拆除执行以后,执行信号置位,信号置位执行线性移动,移动的对象就是拆除的对象。当传感器检测到物体时,复位执行,物料停止移动。属性和信号连接的设计如图 8.3.27 所示。

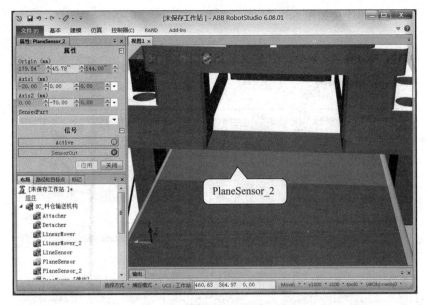

图　8.3.25

图　8.3.26

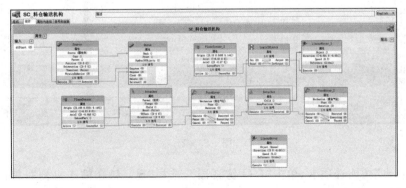

图　8.3.27

组件属性之间的连接如图 8.3.28 所示。

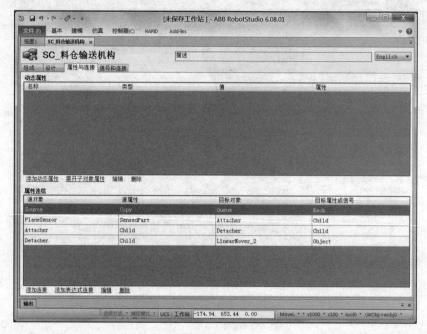

图 8.3.28

组件信号之间的连接如图 8.3.29 所示。

图 8.3.29

打开"仿真"功能选项卡,单击"I/O 仿真器",选择"SC_料仓输送机构",单击"播放"→diStart,进行仿真调试。

8.3.4 创建输送带将料物送至取料位置的动态效果

圆柱体下落到输送带以后,需要沿着输送带向前移动,到前端定位装置时停止。为了实现这个动画仿真效果,需要继续添加子组件。

首先添加 Queue 队列子组件。然后添加 LinearMover 移动对象到一条线上的子组件,移动对象就是刚添加的 Queue_2 队列。移动方向是沿 X 轴负方向,移动速度200,单击"执行"→"应用"。操作步骤如图 8.3.30 所示。

8.3.4 微课4:
料仓输送机构

图 8.3.30

接下来需要在定位装置上装一个线传感器,添加 LineSensor 子组件,输入−60,半径输入为1,单击"应用"。操作步骤如图 8.3.31 所示。

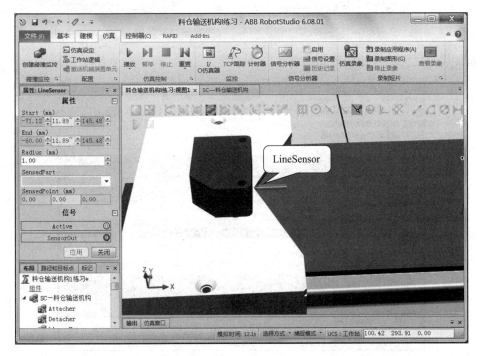

图 8.3.31

当圆柱体运动到定位装置停止运动后被机器人拾取,料仓顶端需要继续产生一个圆柱体,因此需要继续触发 Source 产生复制,所以还需要加添加一个 LogicGate 信号逻辑运算子组件,选择 NOT,如图 8.3.32 所示。

图 8.3.32

在 Smart 组件编辑窗口的"设计"选项卡中,设计各子组件之间的属性和信号连接。平面传感器检测到的物体就是要进入队列的对象,执行进入队列。当线性传感器检测到物体后,就从队列剔除对象。同时对信号取反,再次触发 Source 产生复制。创建输出信号 doPos,当线性传感器检测到物体时,输出信号 doPos 置"1",告诉机器人物料到位。属性和信号连接的设计如图 8.3.33 和图 8.3.34 所示。

图 8.3.33

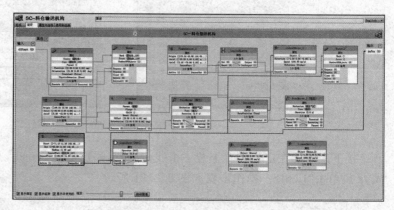

图 8.3.34

组件属性之间的连接如图 8.3.35 所示。

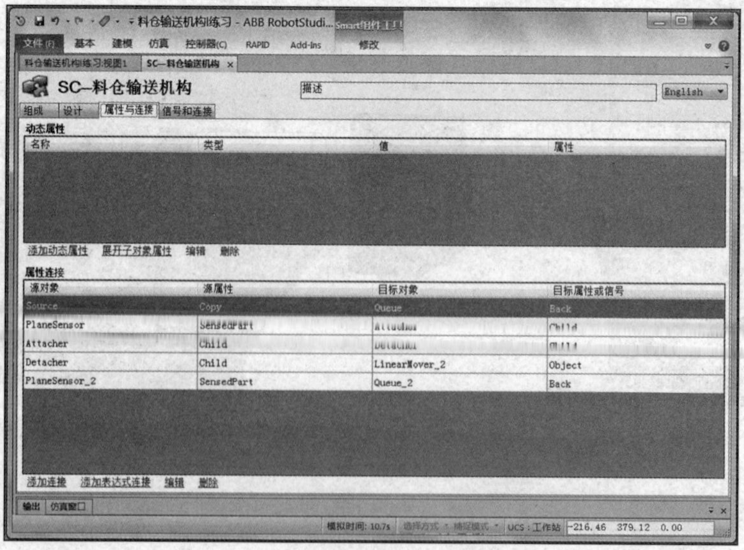

图 8.3.35

组件信号之间的连接如图 8.3.36 所示。

图 8.3.36

打开"仿真"功能选项卡,单击"I/O 仿真器",选择"SC—料仓输送机构",单击"播放" ▶ diStart,进行仿真调试。

通过这个例子会发现,其实复杂的动画仿真效果,多是由几个简单的动画仿真组合联动实现的。因此,要学会将复杂的问题进行分解,逐个解决最终完成任务。在这个过程中不要怕失败大胆尝试,培养自己缜密的逻辑思维能力,养成严谨认真的工作态度。

练习题

判断题

在创建推送气缸机械装置时,需要将"推板"安装到 L2 活塞上,这样通过手动关节拖动活塞,推板就会跟着活塞一起移动了。否则手动关节拖动活塞,只有活塞运动,而上面的推板不会跟着活塞一起运动。(   )

任务8.4 创建零件装配效果

8.4 微课
装配零件

任务描述

在智能制造生产线中,工业机器人在完成零件装配后,还需要将装配好的零件搬运到指定位置,这就需要实现零件装配的动画仿真效果,本任务就来学习创建如图 8.4.1 所示两个零件装配动画仿真效果的方法。

图　8.4.1

知识学习

使用 Attacher 安装子组件,将两个装配零件中的基准件设置为 Parent ,配合件设置为 Child ,能够实现零件的装配效果。

任务实施

8.4.1　工件摆放

从库文件中导入模型后,首先断开与库的连接,将需要装配的两个零件"圆柱体"和"方块工件"摆放到合适的位置。

8.4.2　创建 Smart 组件

创建 Smart 组件,将其重命名为"装配零件"。为实现两个零件的装配,需要添加 Attacher 安装子组件,安装的"父对象"和安装的"子对象"用传感器检测。因为"圆柱体"是放在"方块工件"内的,所以把"方块工件"作为"父对象","圆柱体"作为"子对象",如图 8.4.2 所示。

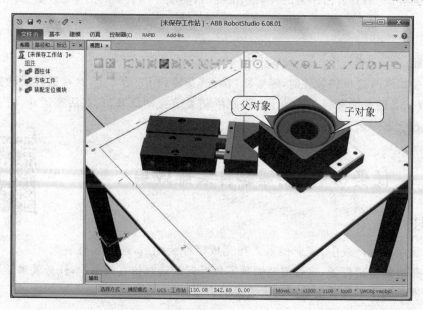

图　8.4.2

先添加一个线性传感器 LineSensor 用来检测"方块工件",为方便操作,将"圆柱体"设为"不可见"。选择"捕捉中心点",捕捉方块工件底部的中心点,起始位置的 Z 值设为 160,结束位置的 Z 值设为 155,半径为 1,单击"激活"→"应用"。操作步骤如图 8.4.3 所示。

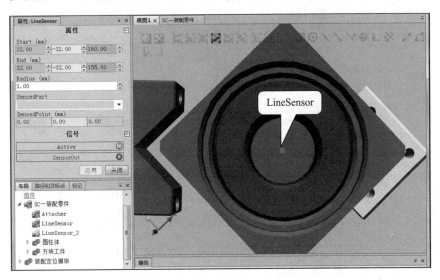

图　8.4.3

再添加一个线性传感器 LineSensor_2 用来检测"圆柱体",同样为了操作方便,将"方块工件"设为"不可见"。调整视图角度,选择"捕捉中点",捕捉圆柱体内表面的中点,起始位置的 X 值设为 45,结束位置的 X 值设为 35,半径为 1,单击"激活"→"应用"。操作步骤图 8.4.4 所示。

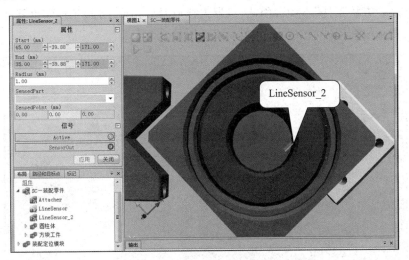

图　8.4.4

在 Smart 组件编辑窗口的"设计"选项卡中,设计各子组件之间的属性和信号连接。调整子组件图形符号位置,创建输入信号 diStart,当输入信号置"1"时,执行安装,传感器 LineSensor 检测到的对象"方块工件"就是安装的"父对象",传感器 LineSensor_2 检测到的对象"圆柱体"就是安装的"子对象"。操作步骤如图 8.4.5 所示。

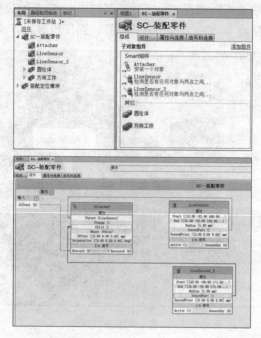

图 8.4.5

8.4.3　仿真验证

打开"仿真"功能选项卡,单击"I/O 仿真器",选择"SC－装配零件",单击"播放"→diStart,两个零件装配为一体。拖动"方块工件","圆柱体"会一起移动;拖动"圆柱体",只能移动"圆柱体","方块工件"不动。因此,机器人抓取时要抓取"方块工件",也就是父对象,这样才能实现搬运装配零件的效果。如图 8.4.6 所示。

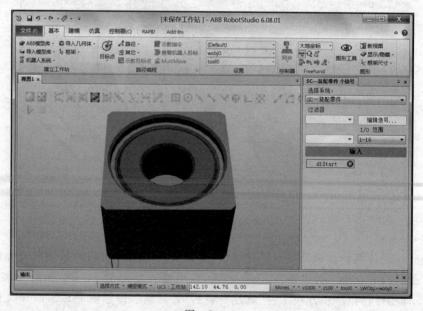

图 8.4.6

8.4.4　拓展练习

使用本任务讲述的方法,能够实现两个零部件的装配效果,如果是三个零部件的装配该如何实现呢?

练习题

1. 填空题

实现两个零部件装配效果需要用到一个_____子组件,两个_____子组件。

2. 判断题

当两个模型装配在一起时,移动父对象,子对象也跟着一起移动。(　　)

项 目 拓 展

根据你个人目前掌握的技能,尝试创建综合实训工作站。

项 目 评 价

技能学习自我检测评分表见下表。

任　　务	评 分 标 准	分值	得分情况
创建多面体工具	1. 能够在不同位置选择合适的方法创建框架,并调整框架方向	10	
	2. 能够正确创建多面体工具	15	
创建定位气缸	能够正确创建定位气缸	10	
创建料仓输送机构	1. 能够正确创建推送气缸机械装置	10	
	2. 能够正确创建物料沿料仓下滑动态效果	15	
	3. 能够正确创建动态推送气缸	15	
	4. 能够正确创建输送带将料物送至取料位置的动态效果	15	
创建零件装配	能够实现零件装配效果	10	

项目 9 创建机器人的外部轴

项目导学

 项目介绍

在智能制造生产线中处理多工位以及较大工件时，通常会为机器人系统配备导轨，扩展机器人的工作范围，导轨实际上就是工业机器人的外部轴。前面学习了使用软件中导轨模型创建外部轴的方法，但是这种方法只能实现一个外部轴效果。如何为机器人创建多个外部轴呢？这就是本项目要学习的内容。

 学习内容

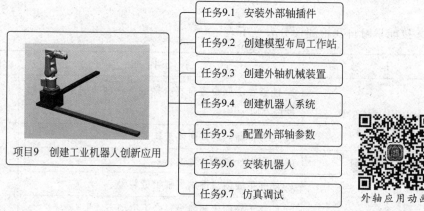

项目9 创建工业机器人创新应用

任务9.1 安装外部轴插件

任务9.2 创建模型布局工作站

任务9.3 创建外轴机械装置

任务9.4 创建机器人系统

任务9.5 配置外部轴参数

任务9.6 安装机器人

任务9.7 仿真调试

外轴应用动画

学习目标

知识目标

1. 能够复述为工业机器人加装外部轴的意义；

2. 能够理解并复述给工业机器人配置外部轴的方法和步骤。

能力目标

1. 能够在 Add-Ins 功能选项卡下的"社区"中找到 External Axis Wizard 6.08.01 外部轴插件并正确添加；

2. 能够创建外轴模型布局工作站；

3. 能够正确创建外轴机械装置；

4. 能够正确创建机器人系统；

5. 能够正确配置工业机器人外部轴参数；

6. 能够正确创建机器人系统并安装机器人；

7. 能够完成工业机器人外部轴配置后的编程和仿真运行。

素质目标

1. 勇于探索创新应用的能力；

2. 不断探索、尝试接受新知识的职业素养。

知识学习

专业英语如下表所示。

序号	英文	中文	序号	英文	中文
1	Axis	轴	7	Load	装载
2	Configuration	配置	8	Motor	发动机
3	Direction	方向	9	Save	保存
4	Drive	驱动	10	Units	单位
5	External	外部的	11	Wizard	向导
6	Finish	完成			

任务9.1 安装外部轴插件

任务实施

计算机联网后，单击 Add-Ins 功能选项卡下的 RobotApps，选中 External Axis Wizard 6.08.01 插件，单击右侧"添加"，在弹出的窗口中单击"接受"。在左侧就能看到外部轴插件已经安装完成，将软件重启，在机器人系统下拉菜单中，就可以看到外部轴配置向导。操作步骤如图 9.1.1～图 9.1.4 所示。

9.1 微课1：
创建外部轴

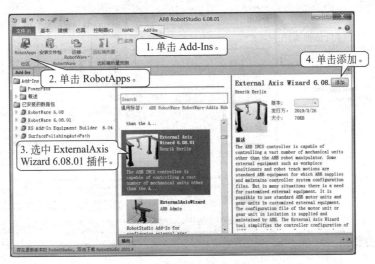

图 9.1.1

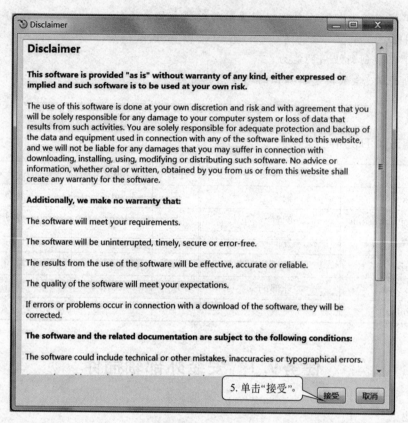

图 9.1.2

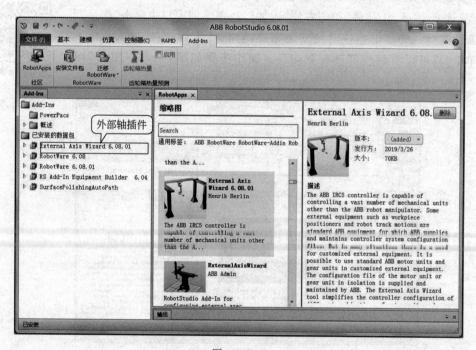

图 9.1.3

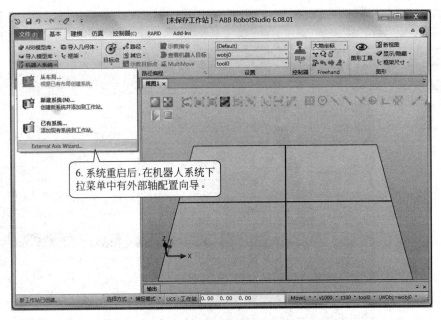

图　9.1.4

任务9.2　创建模型布局工作站

任务实施

在"建模"功能选项卡下创建一个长 2000mm、宽 100mm、高 50mm 的长方体的"部件1"。"部件1"与 X 轴平行，复制"部件1"得到"部件2"，将"部件1"重命名为"轴1"，将"部件2"重命名为"轴2"。将"轴2"绕 Z 轴方向旋转 90°，使其与 Y 轴方向平行。接下来修改"轴1"和"轴2"的颜色。操作步骤如图 9.2.1 和图 9.2.2 所示。

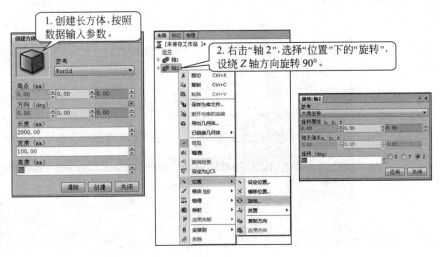

图　9.2.1

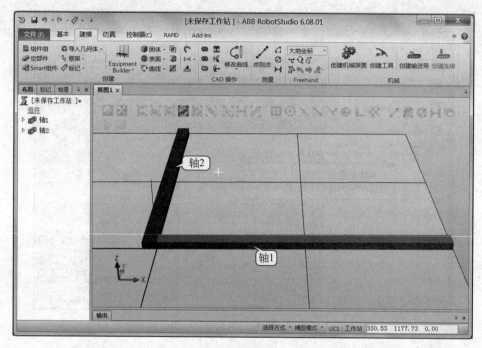

图 9.2.2

创建一个长宽高均为 300mm 的正方体,将其重命名为"轴 3",右击"轴 3",选择"修改"下的"图形显示",单击"应用材料",选择合适的材质。再创建一个半径 150mm、高 300mm的圆柱体,将其重命名为"轴 4"。将"轴 4"放在"轴 3"上,修改"轴 4"的位置和颜色,这样就完成了布局。操作步骤如图 9.2.3 所示。

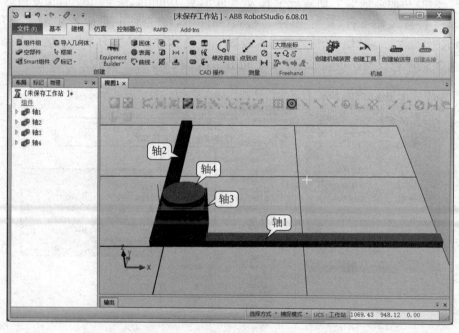

图 9.2.3

任务9.3　创建外轴机械装置

任务实施

机械装置模型命名只能是字母。

操作步骤如图9.3.1和图9.3.2所示。

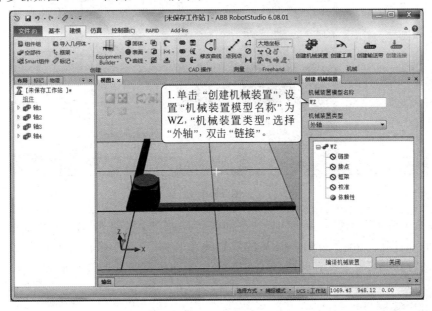

图　9.3.1

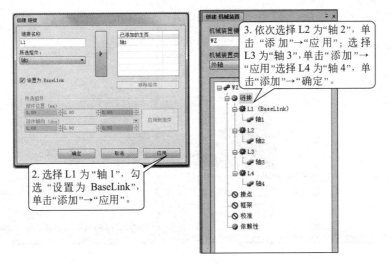

图　9.3.2

双击"接点",第一个关节J1选择"往复的",是L2(即"轴2")相对L1(即"轴1")沿X轴正方向的移动,Axis Direction下输入框X的数值设为1。关节最小限值设为0,最大限值设为 2000,拖动"操纵轴"检查没有问题,单击"应用",操作步骤如图 9.3.3 所示。

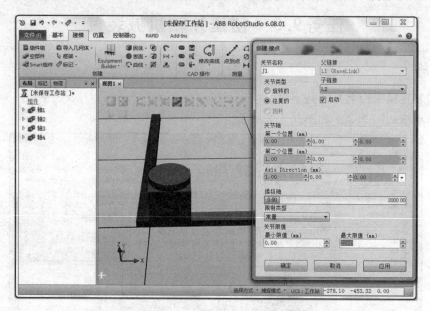

图 9.3.3

第二个关节 J2,选择"往复的",是 L3(即"轴 3")相对 L2(即"轴 2")沿 Y 轴正方向的移动,因此 Axis Direction 下方输入框 Y 的数值设为 1。关节最小限值设为 0,最大限值设为 1700,拖动"操纵轴"检查没有问题,单击"应用"。操作步骤如图 9.3.4 所示。

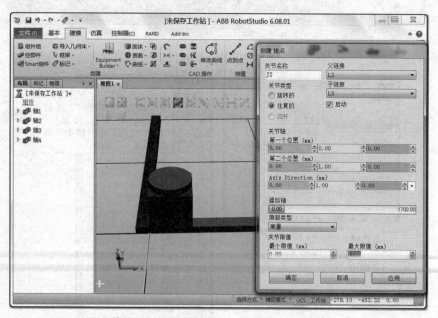

图 9.3.4

第三个关节 J3,选择"往复的",是 L4(即"轴 4")相对 L3(即轴 3)沿 Z 轴正方向的移动,因此 Axis Direction 下方输入框 Z 的数值设为 1。关节最小限值设为 0,最大限值设为 200,

拖动"操纵轴"检查没有问题,单击"确定"。操作步骤如图9.3.5所示。

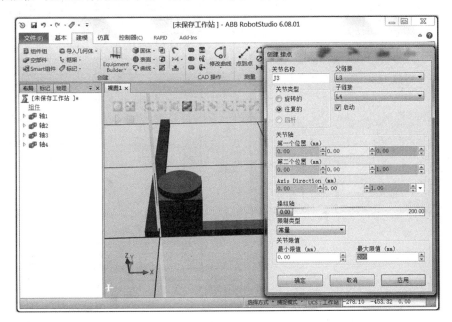

图　9.3.5

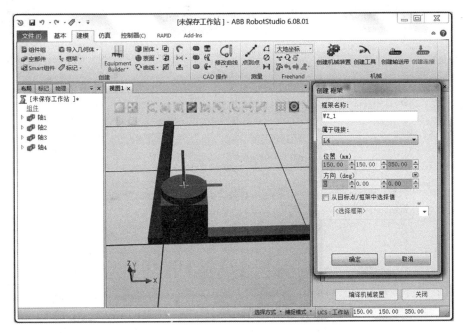

图　9.3.6

双击"框架",选择"轴4"的中心点为框架的位置,单击"确定"。操作步骤如图9.3.6所示。

双击校准,选择J1,单击"确定";添加"校准",选择J2,单击"确定";再添加"校准",选择J3,单击"确定"。单击"编译机械装置"→"关闭"。单击"手动关节"拖动关节轴J1、拖动关节轴J2、拖动关节轴J3进行检验。操作步骤如图9.3.7所示。

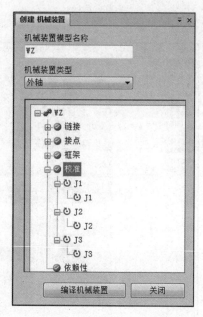

图 9.3.7

任务9.4 创建机器人系统

9.4 微课2：
创建外部轴

任务实施

导入机器人模型 IRB120，从布局创建系统。取消勾选外部轴机械装置，单击"下一个"→"完成"，系统重启。操作步骤如图 9.4.1 所示。

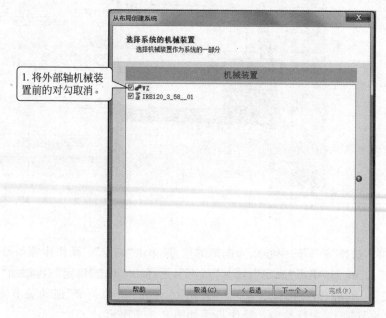

图 9.4.1

任务9.5　配置外部轴参数

任务实施

在机器人系统下拉菜单中,单击最下面的 External Axis Wizard ... 外部轴配置向导。操作步骤如图 9.5.1～图 9.5.2 所示。

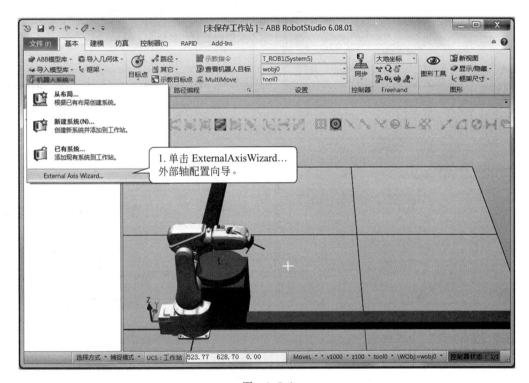

图　9.5.1

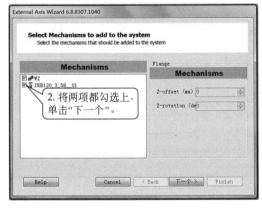

图　9.5.2

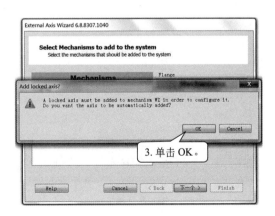

图　9.5.3

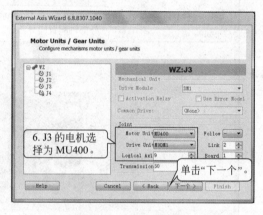

图 9.5.4

图 9.5.5

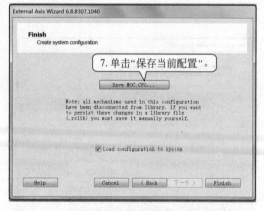

图 9.5.6

图 9.5.7

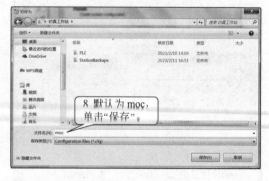

图 9.5.8

图 9.5.9

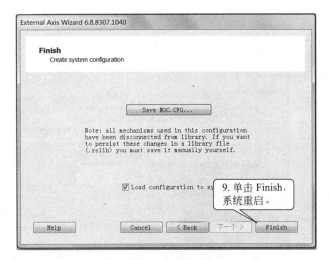

图 9.5.10

任务9.6 安装机器人

任务实施

操作步骤如图 9.6.1～图 9.6.3 所示。

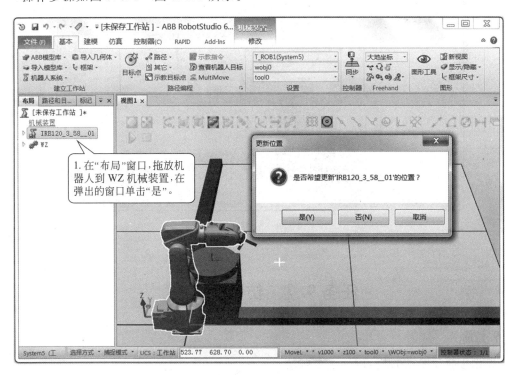

图 9.6.1

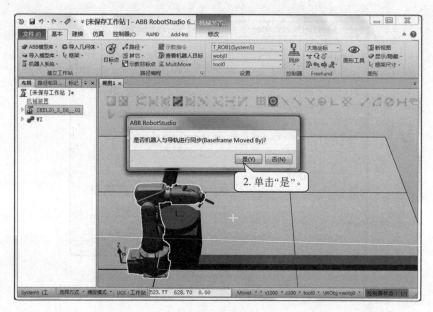

图 9.6.2

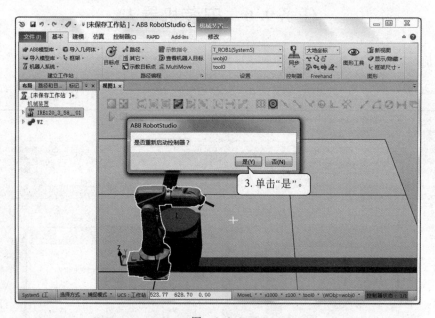

图 9.6.3

任务9.7 仿真调试

任务实施

操作步骤如图9.7.1～图9.7.7所示。

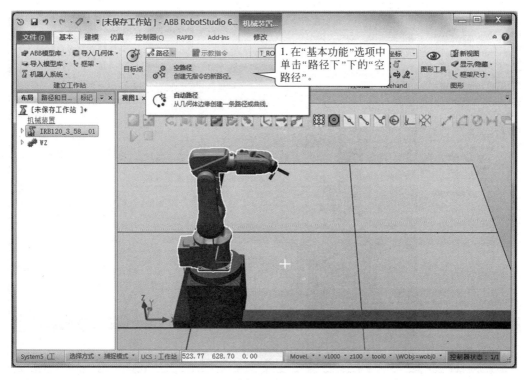

图 9.7.1

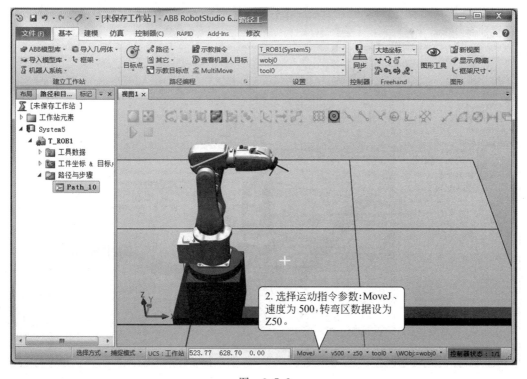

图 9.7.2

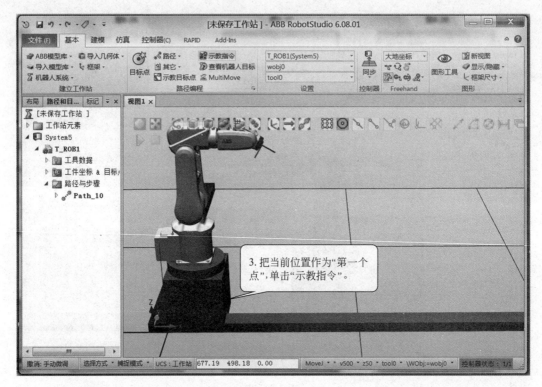

图 9.7.3

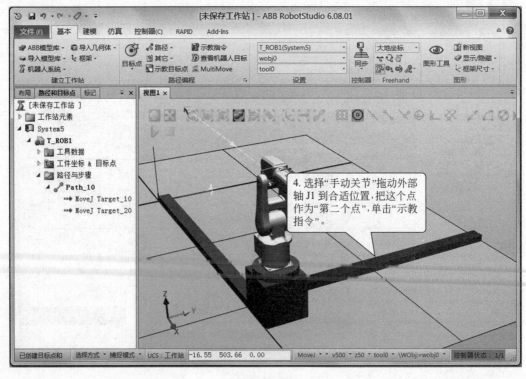

图 9.7.4

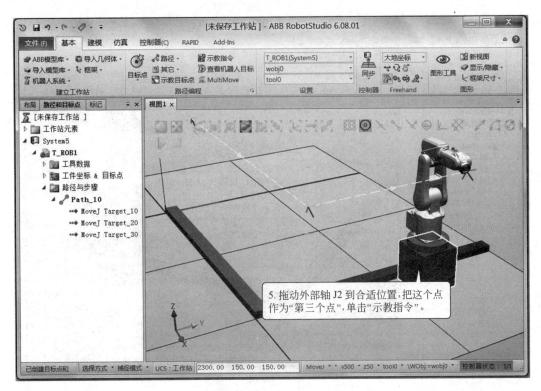

图 9.7.5

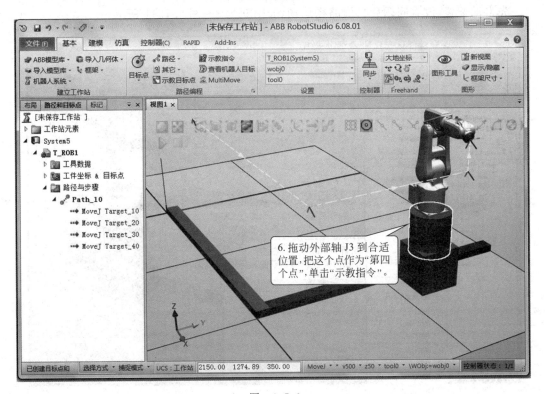

图 9.7.6

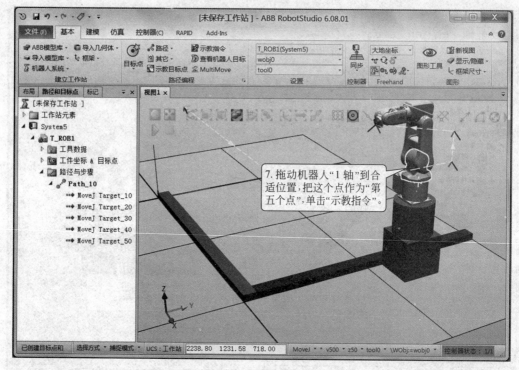

图 9.7.7

先自动配置，没有问题后再沿路径运动，如图9.7.8～图9.7.11所示。

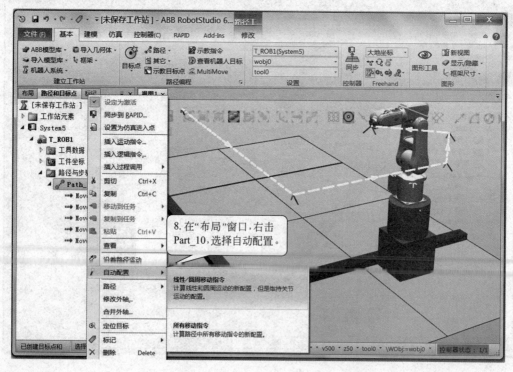

图 9.7.8

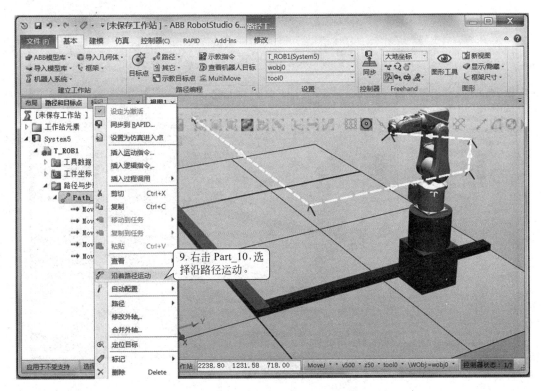

图　9.7.9

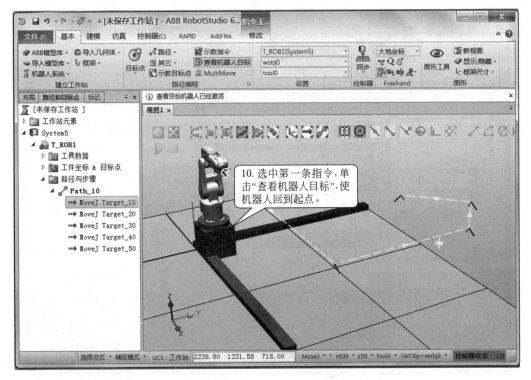

图　9.7.10

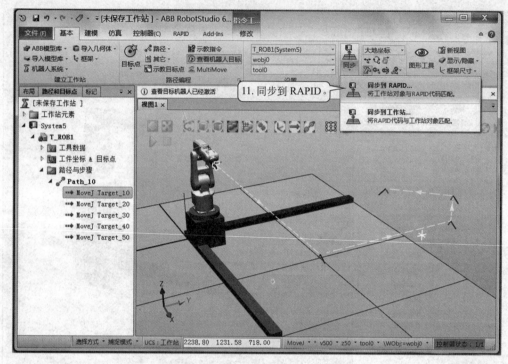

图 9.7.11

下面仿真运行,单击"仿真设定",设定路径为 Part_10,单击"关闭"→"播放",如图 9.7.12 所示。

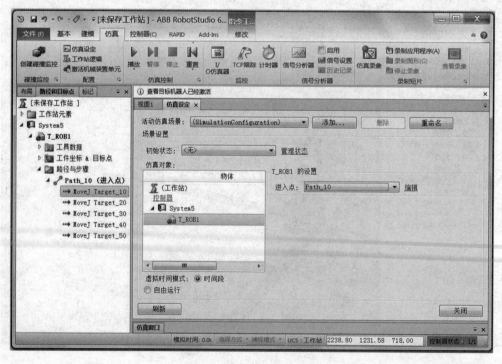

图 9.7.12

为了仿真更加逼真,可以把外部轴 J1 和 J2 设为"不可见"。

随着"中国制造 2025"计划的实施,各行各业对工业机器人的应用需求越来越大,这就需要同学们发挥想象力和创造力,借助虚拟仿真技术大胆探索工业机器人的创新应用。

练习题

判断题

(1) 计算机联网后,单击 Add-Ins 功能选项卡下的 RobotApps,可以找到 External Axis Wizard 6.08.01 外部轴插件。( )

(2) 导入机器人从布局创建系统后,在机器人系统下拉菜单中单击最下面的 External Axis Wizard... 外部轴配置向导,配置外部轴参数。( )

(3) 配置外部轴参数时,电机都选择为 MU400。( )

项目拓展

在实际应用中为了节省空间,会将机器人进行吊装,请思考将机器人吊装需要配置几个外部轴,你是如何实现的?

项目评价

技能学习自我检测评分表见下表。

任　务	评　分　标　准	分值	得分情况
安装外部轴插件	能够在 Add-Ins 功能选项卡下的"社区",找到 External Axis Wizard 6.08.01 外部轴插件并正确添加	15	
创建外部轴模型布局工作站	能够创建模型布局工作站	10	
创建外部轴机械装置	能够正确创建外部轴机械装置	15	
创建机器人系统	能够正确创建机器人系统	5	
配置外部轴参数	能够正确配置工业机器人外部轴参数	30	
安装机器人	能够正确创建机器人系统并安装机器人	10	
编写程序仿真运行	能够完成工业机器人配置外部轴后的编程和仿真运行	15	

项目 10　RobotStudio 的在线功能

 项目导学

项目介绍

使用 RobotStudio 的在线功能,可以对工业机器人进行程序的编写、参数的设定与修改、备份数据、恢复数据、文件传送、监控运行状态等操作。

学习内容

- 任务10.1　使用RobotStudio与工业机器人进行连接并获取权限
  - 1. 网线连接
  - 2. 设置计算机IP地址
  - 3. 添加控制器
  - 4. 切换工业机器人动作模式为手动
  - 5. 示教器同意写权限申请
- 任务10.2　使用RobotStudio进行备份与恢复
  - 1. 备份
  - 2. 获取写权限
  - 3. 恢复
- 任务10.3　使用RobotStudio正线传送文件
  - 1. 获取写权限
  - 2. 传送文件

项目10　RobotStudio的在线功能

学习目标

知识目标

1. 能够理解并复述 RobotStudio 与工业机器人的连接步骤;
2. 能够理解并复述获取 RobotStudio 在线控制权限的步骤;
3. 能够理解并复述使用 RobotStudio 进行数据备份与恢复的步骤;
4. 能够理解并复述使用 RobotStudio 进行文件传送的步骤。

10.1 微课 RobotStudio
在线功能

能力目标

1. 能够正确建立 RobotStudio 与工业机器人的连接;
2. 能够正确获取在线控制权限;
3. 能够正确进行数据的备份与恢复;
4. 能够正确进行文件传送。

素质目标

1. 备份数据,维护设备正常运行的职业素养;
2. 严谨认真的工匠精神。

任务10.1 使用 RobotStudio 与工业机器人 进行连接并获取权限

任务描述

通过 RobotStudio 与工业机器人的连接，可以通过 RobotStudio 的在线功能对工业机器人进行监控、设置、编程与管理等操作。

知识学习

为了安全，在对工业机器人控制器数据进行写操作之前，首先要在示教器进行"请求写权限"的操作，防止在 RobotStudio 中错误修改数据，造成不必要的损失。

任务实施

10.1.1 建立 RobotStudio 与工业机器人的连接

建立 RobotStudio 与工业机器人连接的操作步骤如图 10.1.1～图 10.1.4 所示。

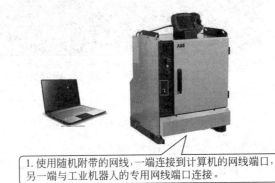

1. 使用随机附带的网线，一端连接到计算机的网线端口，另一端与工业机器人的专用网线端口连接。

图 10.1.1

2. 设置计算机的 IP 地址，该地址要与工业机器人的 IP 地址处于同一网段。

图 10.1.2

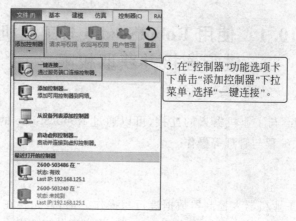

图 10.1.3

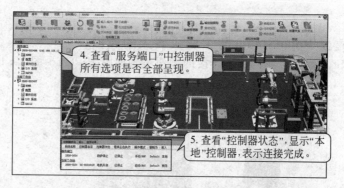

图 10.1.4

10.1.2 获取 RobotStudio 在线控制权限

获取 RobotStudio 在线控制权限的操作步骤如图 10.1.5~图 10.1.7 所示。

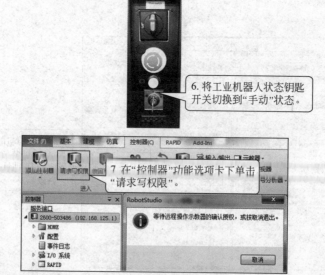

图 10.1.5

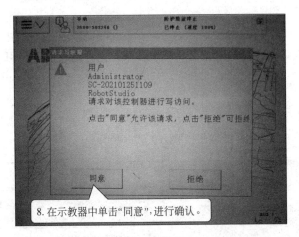

图　10.1.6

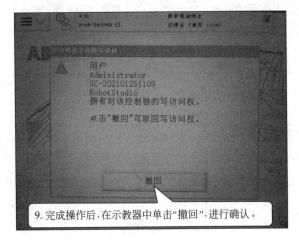

图　10.1.7

练习题

判断题

（1）可通过 RobotStudio 的在线功能对工业机器人进行监控、设置、编程与管理。（　　）

（2）为了安全，在对工业机器人控制器数据进行写操作之前，需要在示教器进行"请求写权限"的操作。（　　）

任务10.2　使用 RobotStudio 进行备份与恢复

任务描述

定期对 ABB 工业机器人的数据进行备份，是保持 ABB 工业机器人正常运行的良好习惯。当工业机器人系统出现错乱或者重新安装系统以后，可以通过备份快速地把工业机器人恢复到备份时的状态。

知识学习

ABB 工业机器人数据备份的对象是所有正在系统内存运行的 RAPID 程序和系统参数。

任务实施

10.2.1 文件的备份

创建备份的操作步骤如图 10.2.1～图 10.2.3 所示。

1.在"控制器"功能选项卡下单击"备份"下拉菜单,选择"创建备份…"。

图 10.2.1

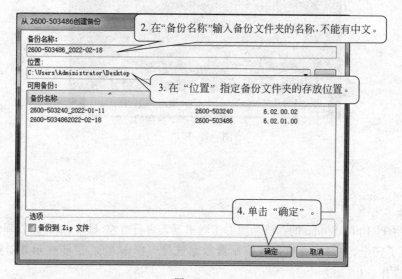

2.在"备份名称"输入备份文件夹的名称,不能有中文。

3.在"位置"指定备份文件夹的存放位置。

4.单击"确定"。

图 10.2.2

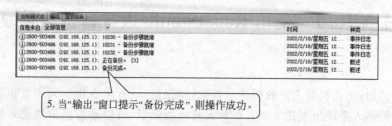

5.当"输出"窗口提示"备份完成",则操作成功。

图 10.2.3

10.2.2 文件的恢复

恢复备份的操作步骤如图 10.2.4～图 10.2.8 所示。

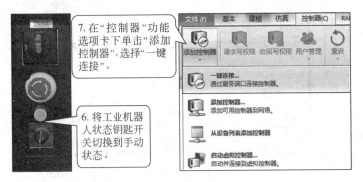

图 10.2.4

图 10.2.5

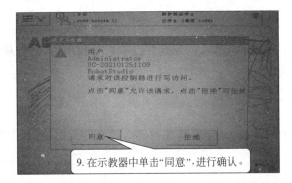

图 10.2.6

图 10.2.7

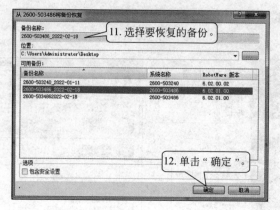

图 10.2.8

练习题

判断题

（1）当工业机器人系统出现错乱或者重新安装系统以后，可以通过备份快速地把工业机器人恢复到备份时的状态。（　　）

（2）对工业机器人进行恢复操作前需要将工业机器人状态钥匙开关切换到手动状态。（　　）

（3）运用仿真软件可以在线对 RAPID 程序进行调整，包括修改或增减程序指令。（　　）

任务 10.3　使用 RobotStudio 在线传送文件

任务描述

建立 RobotStudio 与工业机器人的连接并且获取写权限后，进行从 PC 发送文件到工业机器人控制器硬盘的操作。

知识学习

在进行文件传送的操作前，一定要清楚被传送的文件的作用，否则可能造成工业机器人系统的崩溃。

任务实施

从计算机传送文件到工业机器人控制器硬盘的操作步骤如图 10.3.1～图 10.3.3 所示。

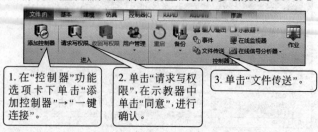

图　10.3.1

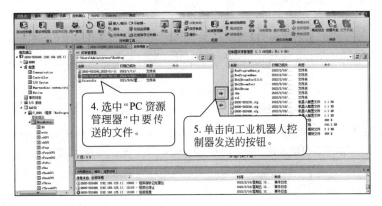

图 10.3.2

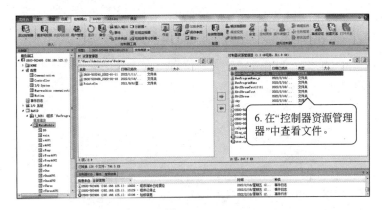

图 10.3.3

练习题

判断题

（1）在进行文件传送的操作前，不需要知道被传送文件的作用。（　　）

（2）从计算机传送文件到工业机器人控制器不需要请求写权限。（　　）

项 目 评 价

技能学习自我检测评分表见下表。

任务	评分标准	分值	得分情况
RobotStudio 的在线功能	1. 能够正确创建 RobotStudio 与工业机器人的连接	20	
	2. 能够正确获取在线控制权限	20	
	3. 能够正确进行数据备份与恢复	40	
	4. 能够正确进行文件传送	20	

参 考 文 献

[1] 张明文,等.工业机器人离线编程[M].武汉:华中科技大学出版社,2017.

[2] 陈南江,等.工业机器人离线编程与仿真(ROBOGUIDE)[M].北京:人民邮电出版社,2018.

[3] 工控帮教研组.ABB工业机器人虚拟仿真教程[M].北京:电子工业出版社,2019.

[4] 叶晖,等.工业机器人工程应用虚拟仿真教程[M].2版.北京:机械工业出版社,2021.